コケの自然誌

ロビン・ウォール・キマラー 著
三木直子 訳

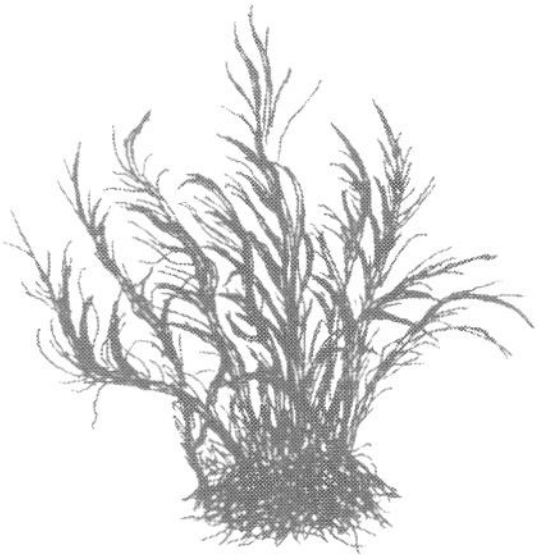

Robin Wall Kimmerer

GATHERING MOSS

A Natural and Cultural History of Mosses

築地書館

Gathering Moss
A Natural and Cultural History of Mosses

はじめに　コケ色の眼鏡を通して見える世界

「科学」というものについての最初の記憶は（それともそれは宗教だっただろうか）、古びた市民ホールで行われた幼稚園のクラスでのことだ。心躍る雪の結晶が初めて舞い降り始めると、私たちはみな、我先に凍てついた窓ガラスへと走り、鼻先を窓ガラスに押し当てた。ホプキンス先生は賢明だったから、初雪という出来事に興奮する五歳児を押しとどめようなどとはせず、私たちは外に出た。ブーツを履き、手袋をして、やわらかな白い渦巻の中、私たちは先生を囲んだ。先生はポケットの奥深くから虫眼鏡を取り出した。先生の紺色のウールの外套の袖で、真夜中の空の星のようにキラキラ光る雪の結晶を、初めてそのレンズを通して見たときのことを、私は決して忘れない。一〇倍に拡大されたひとひらの雪の結晶の複雑さ、そのディテールに、私は本当にびっくりした。雪のように小さくてありふれたものが、こんなに完璧に美しいなんて。私はそこから目を離すことができなかった。今でも、その初めての経験で感じた可能性や不思議さを、私は覚えている。この時初めて（この時だけではないが）、この世には直接目に見えることがら以上のものがあるのだ、という実感があったのだ。すべての雪の吹き溜まりは、星のような結晶が集まった宇宙のようなものなのだ、という新たな理解をもって、私は木々の枝や屋根の上に静かに降る雪を見つめた。秘密めいた雪の真実に私は目が眩んだ。拡大レンズと雪の結晶は、私を目覚めさせ、そのときから私には「見える」ようになったのだ。世界はそのままでも美しいが、もっと近くで見れば見るほどさらに美しいものになる、と感づいたのはこのときが初めてだった。

コケの見方を学ぶということは、雪の結晶を見た最初の記憶と混ざり合う。普通に知覚できる領域の一番端に、別の次元の、美しい生物体系がある。雪の結晶のように小さく完璧な秩序をもつ葉や、複雑で美しい、裸眼には見えない生き物たち。そこに注意を向け、見方を知ってさえいれば見えてくる。私にとってコケは、周囲の風景と親しい関係を築くための手段である――森に伝わる秘密のように。この本は、そうした風景への招待状だ。

初めてコケを目にしてから三〇年たった今、私はほとんど常に手持ちの拡大鏡を首から下げている。その紐が、私のメディスン・バッグの革紐と絡まりあう――比喩的にも、実際にも。植物に関する私の知識は、植物そのものや、科学者として受けた教育、それに私の血筋であるポタワトミ族の伝統的な知識に対する直観的な親近感など、いろいろなところから来ている。大学で学名を学ぶずっと前から、私は植物を私の教師だと思っていた。大学では植物の命についての二つの視点――主観と客観、精神と物体が、首からさげた二本の紐のように絡まりあった。私が受けた植物学の教育は、植物に関する伝統的な知識を隅の方に押しやった。この本の執筆は、そうした理解を取り戻し、本来それがあるべき位置に戻す、という行為だった。

はるかな昔から私たちに伝わる物語は、ツグミも、木々も、コケも、そして人間も、すべての生き物が同じ言葉を共有していたときのことを語る。だがその言葉はずっと前に失われてしまった。だから私たちは互いの物語を、互いの暮らし方を観察することによって学ぶ。私はコケの物語を語りたい。なぜならば、その声はほとんど聞こえないけれど、私たちが彼らから学べることはたくさんあるからだ。彼らは、私たちが耳を傾けなければいけない大事なメッセージ、人間以外の生き物の視点を持っている。私は科学者としてコケの生態を知りたいと思うし、科学はコケの物語を語る手段の一つとしては強力だ。だがそれだけでは不十分なのである。その物語はまた、関係性についてのものでもあるからだ。コケと私は長い時間をともに過ごして互いを知り合った。彼らの物語を語るうち、私は世界をコケ色の眼鏡を通して見るようになった。

ネイティブアメリカン流のものの考え方では、あるものを理解するには、私たちの四つの側面のすべてでそれを知らなければならない。すなわち、マインド、身体、感情、そして魂である。科学的な知識は、世界から得られる経験的な情報を、身体を使って収集し、マインドがそれを解釈することに依存している。コケの物語を語るためには、私には主観的な方法と客観的な方法の両方が必要なのだ。ここに収めたエッセイは意図的に、その両方の「識り方」を言葉にしたものだ。物質と精神は仲良く肩を並べて歩く。ときには踊ったりもしながら。

もくじ

コケの持つ「名前」

コケとの出会い

人生の大部分とも思える二〇年近い間、私は夜になるとこの小道を裸足で歩いている。地面を土踏まずに感じながら。往々にして懐中電灯は持たずに出かけ、アディロンダック〔訳注：ニューヨーク州北部のなだらかな山地。北米有数の自然公園が全域を占める〕の暗闇の中、この道が私を家路に導くのに任せる。地面に触れる私の足はまるで、暗譜している古い優しい曲を、松葉と砂でできたピアノで奏でる指のようだ。意識しなくても、サトウカエデの木のそばにある、毎朝ガータースネークが日向ぼっこしている大きな木の根を、注意深く避けなければいけないのはわかっている。一度、親指をそこにしこたま打ちつけたことがあるのだ。だから、忘れない。丘の麓まで来ると雨で道は通れなくなっているので、脇に逸れ、尖った小石を避けながらシダの上を数歩歩く。小道はなめらかな花崗岩《かこうがん》の岩盤をまたいでせり上がり、岩にはまだ昼間の暖かさの名残が感じられる。ここから先は、砂と草で楽ちんだ。娘のラーキンが六歳のときにスズメバチの巣を踏んだ場所や、アメリカオオコノハズクのヒナ鳥たちが一列に枝に留まって眠り込んでいたこともあるペンシルバニアカエデの茂みを通り過ぎる。泉の水の湧き出る音が聞こえ、湿った匂いがして爪先が濡れるのを感じる、ちょうどそのあたりで、私は私の山小屋に向かって道を逸れる。

初めてここクランベリーレイク生物観測所へ来たのは学生時代で、必要なフィールド生物学の単位を取るためだった。私はここで、初めてコケに出会った。ケッチレッジ博士につきしたがって森を歩き、資材室から借り出して汚い紐で首にぶら下げた、ウォーズ社製の学生用標準モデルの拡大鏡を使って、私はコケを発見したのだ。学期の終わりに、学費用のわずかばかりの貯金の一部でプロ品質のボシュロム社製拡大鏡を注文したとき、私は自分がすっかりコケにはまってしまったことを知った。

その拡大鏡は今でも持っており、赤い紐から下げて、学生たちをクランベリーレイク湖畔の小道に連れて行くときに身につける。私は教師としてここに戻り、やがて生物観測所の責任者になったのだが、その間ずっと、私の変貌ぶりにくらべ、コケたちは少しも変わっていない。先生が見せてくれた、タワー・トレイル脇のスギゴケの群生はまだそこにある。私は夏が来るごとに、ここで足を止めてじっくり眺めては、その長命ぶりに感嘆するのだ。

ここ数年、夏の間、私は岩の研究をしている。岩の上にさまざまな種類のコケが生える様子を観察し、どうやってその群生が形成されるのか学びたいのだ。岩の一つひとつは、まるで森という大きな海の中に浮かぶ無人の孤島のように立っている。そこに暮らすのはコケだけだ。ある岩には一〇種類以上のコケが上手に共存している一方で、近くにある、見た目には違わない岩では、ある一種類のコケが完全にそこを独占して孤独に生きている。一種類だけが孤立して生きるのではなく、多様性のある群生を育む条件とはどういうものなのか。それは、人間は言うまでもなく、コケにとってもややこしい問いである。この夏が終わる頃には、ささやかながらきちんとした研究発表で、岩とコケの関係の真実について、学術的に貢献できるはずだ。

アディロンダックの一帯には、迷子石が散在している。一万年前に氷河に置き去りにされた、転がって角の取れた花崗岩の岩だ。コケむした巨体は森を太古の時代のもののように見せるが、荒涼としたアウトウォッシュの平原に取り残されたその日から、深いカエデの森に囲まれた現在まで、それらのまわりの風景がどれほど変貌したかを私は知っている。

迷子石のほとんどは私の肩ほどの高さだが、隅から隅まで調べるには梯子が必要なものもある。学生と私は、巻き尺で周囲の長さを測る。光の当たり方や水素イオン濃度指数を記録し、割れ目の数や、薄く岩を覆う腐植土の厚みに関するデータを集め、すべての種類のコケの位置を、その名前を読み上げながら入念に目録にする。ディクラヌム・スコパリウム（カモジゴケ、*Dicranum scoparium*）。プラギオテシウム・デンティキュラトゥム（ハサナダゴケ、*Plagiothecium denticulatum*）。これを全部書き取るのに苦労している学生が、もっと短い名前を、とせがむ。だがコケには一般的な呼び名がないことが多い。わざわざ名前をつけようという者がいなかったのだ。コケには形式的につけられた学名しかない。その手順を考案したのは、偉大なる植物分類学者カロルス・リンナエウスだ。彼は、スウェーデン人の母親がつけたカール・リンネという本名さえ、科学のためにとラテン語化した。

このあたりの岩の多くには名前がついていて、人々は岩を、湖を囲む目印として使う。椅子岩、カメ岩、焦げ岩、象岩、滑り岩。どの名前にも物語があり、その名前を口にするたびに私たちはその場所の過去と現在に思いを馳せる。岩にはみな名前があるのが当たり前な土地で育った私の娘たちは、自分たちの岩にも名前をつける。パンの岩、チーズ岩、クジラ岩、読書岩、飛び込み岩。

岩やその他のものに私たちがつける名前は、私たちの視点によって決まる。輪の内側から見ているか、外側から見ているか。私たちが口にする名前は、相手の何を知っているかを明らかにする。だから、愛する者には甘美な秘密の名前があるのだ。自分で自分に名前をつけるのは、自決のため、自分を治めているのは自分だ、と宣言するためにとても効果的だ。輪の外側では、コケには学名さえあれば十分かもしれない。だが輪の内側では、彼らは自分を何と呼ぶのだろうか。

コケと岩の会話

生物観測所の魅力の一つは、ひと夏ごとの変化が少ないというところだ。毎年六月になると、まだ去年の夏の薪ストーブの匂いが残る色褪せたフランネルのシャツを身に着けるように、私たちは生物観測所を身にまとう。それは私たちの生活の基盤であり、私たちの本当の故郷であり、ものすごくたくさんの変化の只中で、変わらずにあるものなのだ。アメリカムシクイ［訳注：スズメ目の野鳥］が食堂脇のトウヒに巣をかけなかった夏は一度もない。七月半ばには、ブルーベリーが熟す前に、お腹をすかせたクマがしょっちゅうキャンプ場をうろうろする。ビーバーたちは日が沈んだ二〇分後に機械仕掛けのように正面の桟橋の前を泳いでいくし、朝靄《あさもや》が晴れるのが一番遅いのは決まってベア・マウンテンの南側の稜線だ。いや、ときには変化もある。冬が厳しいと、氷が湖岸の流木を動かすかもしれない。一度など、サギの首のような枝のある古い銀色の流木が、入江沿いに一八メートル移動したことがある。またある年の夏、腐ったアスペン（ヤマナラシ）のてっぺんが強風で吹き飛ばされ、シルスイキツツキは別の木に巣を作る羽目になった。だが変化にさえ、見慣れたパターンがある。砂の上に波が跡を残したり、湖面が静まりかえっていたかと思うと一メートルの波が立ったり、雨が降り出す何時間も前にアスペンの葉が音を立てたり、夜の雲の様子が次の日の風の前触れであるように。こうしてこの土地と親密な関係にあること、岩の名前を知っており、この世の中での自分の居場所を知っているという感覚、それが私を強くし、慰めてもくれる。この野生の湖岸で、私の心の中の風景は、ほぼ完璧に外の世界を映し出している。

だから、私の小屋から湖岸沿いに数キロ離れた、歩き慣れた小道で今日私が目にしたものに、私は驚愕したのだ。私は思わず足を止めた。うろたえ、固唾を飲んで、自分がまだいつもの小道にいること、目に映るものとその正体が異なるトワイライトゾーンにさまよい込んでいないことを確認するために、あたりを見回した。この道を私はもう数えきれないくらい歩いているのに、今日初めてそれが見えたのだ――スクールバスほどの大きさの岩が五つ、重なり合い、安心して抱き合っている年老いた夫婦のように、互いの曲線をうまく噛み合わせながら横たわっているのが。きっと氷河が、五つの岩をこんな優しさ溢れる形に配置し、それから立ち去ったのだろう。私は黙って五つの岩のまわりを歩く。指先で、そこに生えたコケに触れながら。

東側に、岩と岩に挟まれて、洞窟のように暗い隙間がある。なんとなく、それがそこにあることが私にはわかっていた。初めて目にするその扉は、不思議と見覚えがある。私の家族はポタワトミ族のべア・クラン〔訳注：クラン＝氏族〕の出身だ。クマは人々のために秘密の知識を守り、植物とは特別な関係にある。木や草を名前で呼び、その物語を知っているのはクマなのだ。私たちはクマからビジョンを得、自分がなすべき使命を学ぼうとする。この先にクマがいるのかも、と私は思う。

すべてのディテールが不自然なほどくっきりと見え、景観そのものが緊張しているかのようだ。私は非現実的なほどの静けさの中に立ち、そこでは時間が岩のように重く感じられる。でも、頭を振って視野をはっきりさせれば、いつもの湖岸の波音が聞こえるし、頭の上ではジョウビタキがさえずっている。洞穴に誘われ、私は四つん這いになって、巨大な岩の下、クマのねぐらを想像しながら暗闇の中へと進む。むき出しの腕にザラザラした岩肌を感じながら、私は這って前進する。曲がり角を曲がると、外界の光は私の後ろで見えなくなる。ひんやりした空気を吸い込むと、クマの匂いはせず、あるのは柔らかな土と花崗岩の匂いだけだ。指先でまさぐりながら私は前進するが、なぜなのかはよくわからない。洞窟の床は下り坂になっており、乾いてサラサラしている。雨はここまでは決して届かないようだ。

前進し、もう一度曲がり角を曲がると、トンネルは上り坂になる。正面に緑の森の光が見え、私はさらに進む。どうやら私は、五つの岩の下の通り道を這い進んで反対側に出たらしい。のそのそとトンネルから出ると、私がいるのは森などではない。そうではなくて、岩の壁にぐるりと囲まれて、草の生い茂った小さな草原に出たのだ。部屋だ。空の青さを見つめるまあるい目のような、光に溢れた部屋なのだ。ヤナギトウワタが咲き、干し草の香りのするシダが、そびえ立つ岩が作る環を縁取っている。私は環の中にいる。私が通ってきた通路以外に出入り口はなく、私の背後で入り口が閉じていく気配を感じる。環をぐるりと見回すのだが岩の間の入り口はもう見えないのだ。怖い、と初めは思ったが、草は陽の光の中で暖かく香り、岩の壁にはコケがいっぱいだ。奇妙なことに、ジョウビタキの鳴き声はまだ聞こえている。外の世界、コケむした壁が私を包み込むとともに、陽炎のように消えていくパラレルワールドの木の上で鳴いているのだ。

岩の環の内側で、どういうわけか私は、考えることも、感じることもない。岩はしっかりと意思を持ち、命を惹きつける深い存在感に満ちている。ここは、とても長い波長で交換されるエネルギーが震動する、パワーの場なのだ。岩は私をじっと見つめ、私の存在を認識する。

岩は、遅いとか強いという言葉を超越しているが、それでいて、氷河と同じくらいにパワフルな、コケの柔らかな緑色の息吹には敵わない。コケは岩の表面を摩滅させ、一粒、また一粒、ゆっくりと砂に戻すのだ。コケと岩の間には、大昔からの会話が交わされている。それは詩的な会話に相違ない、光と影と、大陸移動についての。これが、「岩石上のコケによる弁証法——広大さと微小さ、過去と現在、柔らかさと硬さ、静けさと躍動、陰と陽の接点」（Schenk, H., *Moss Gardening*, 1999）と呼ばれたものなのだ。ここでは、物質的なものと霊的なものが共に暮らしている。

科学者にとってコケの群生は謎に満ちたものかもしれないが、コケと岩は知り合いだ。親密なパートナーである岩の形を、コケは熟知している。私が自分の小屋へ続く道を覚えているように、コケは、岩の割れ目を伝う雨水の通り道を覚えているのだ。環の中に立ち、私は、コケにはそれぞれに名前があることを理解する。ラテン語化した植物学者、リンナエウスの登場よりずっと前から。時間が過ぎていく。

どれほどの間、そこにいたかはわからない。数分か、数時間か。その間、私には自分が存在しているという感覚がなかった。そこにはただ、岩とコケだけがあった。コケと岩。優しく肩に手を置かれたような気がして、私は我にかえり、あたりを見回した。トランス状態から戻ったのだ。再び、頭上でさえずるジョウビタキの声が聞こえる。私を囲む壁にはあらゆる種類のコケがキラキラと輝き、私は再びそれを見やる。まるで初めて見るかのように。緑色と灰色、古いものと新しいものが、今、このとき、この場所で、氷河と氷河に挟まれたこの一瞬、共にある。私の祖先たちは、岩には地球の物語が伝わっているということを知っていた。そして一瞬、私にはそれが聞こえたのだ。

ここでは私の思考は、岩たちが交わすゆっくりとした会話を邪魔する不愉快な騒音のようで、うるさく感じられる。再び壁の扉が姿を現し、時間が流れ始めた。この岩の環の中へと、入り口が開き、私は贈り物を受け取った。私はこれまでと違うものの見方ができるのだ、外側からだけでなく、内側からも。贈り物には責任がついてくる。この場所で、コケに名前をつけるつもりは私にはまったくなかった。ラテン語のあだ名をつけるなんて。私に与えられた役目は、コケはコケ自身の名前を持っている、というメッセージを伝えることなのだと思う。この世界で彼らがどんなふうに存在しているか、それはデータのみではわからない。巻き尺が役に立たない神秘や、岩とコケの真実の前には何の意味もない質問や答えがあることを、忘れるな、と彼らは言う。

帰り道、トンネルはさっきよりも進みやすい。行き先がわかっているからだ。私は肩越しに岩のほうを振り返り、それから家に向かって歩き慣れた道を歩き出す。自分はクマの後を追っているのだと、私にはわかっている。

見えないものに目を凝らし、耳を澄ます

見えないものを見ようとする意識

上空一万メートルで四時間、大陸横断飛行の疲れがとうとう私を打ち負かす。離陸から着陸までの間、私たちはそれぞれ仮眠状態にある。人生のチャプターとチャプターの狭間の小休止。ぎらつく太陽を窓から眺めるとき、山脈は大陸という肌に寄った皺でしかなく、陸の景観は平らな画像にすぎない。頭上を私たちが通過するのにお構いなく、下界では、別の物語が進行している。八月の陽光にブラックベリーが熟し、荷造りしたスーツケースを手に扉の前で躊躇する女性がおり、封を切った手紙の便箋の間から、思いもかけなかった写真が滑り落ちる。だが私たちはあまりに速く、あまりに遠いところを移動中で、物語はどれも届かない。私たち自身の物語以外は。窓から視線を逸らすと、物語は下方の、緑と茶色の二次元地図の中に消えていく。まるで、張り出した岸壁の陰にマスが姿を消し、残されたあなたが平らな水面を見つめ、自分は本当にマスを見たのだろうかと考えるように。

私は買ったばかりでまだ使い慣れない老眼鏡をかけ、自分の老眼を嘆く。紙の上の文字は、焦点が合

ったりぼやけたりする。かつてはあんなにはっきり見えたものが見えなくなってしまったなんて、そんなことがあるだろうか。目の前にあることがわかっているものを見ようと必死に目を凝らすうち、私は、初めてアマゾンの熱帯雨林に行ったときのことを思い出す。先住民である道先案内人は辛抱強く、木の枝にじっとしているイグアナだの、葉陰から私たちを見下ろしているオオハシだのを指差す。熟練した彼らの目にははっきりと見えるものが、私たちにはほとんど見えない。慣れない私たちの目では、光と影のパターンを「イグアナ」と認識することがどうしてもできなかったのだ。だからイグアナは私たちの目の前にいるのに、悔しいことに私たちには見えないままだった。

可哀想に、私たち人類は目が悪くて、猛禽類のように遠距離が見える視力もないし、イエバエのようにまわり中を見渡せる視野も持たない。けれども私たちには大きな脳みそがあるから、少なくとも自分たちの視覚に限界があることだけはわかっている。人間には稀なほどの謙虚さで、自分たちの目では見ることのできないものがたくさんあるということを私たちは認め、世界を観察するための素晴らしい方法を考案する。赤外線探知衛星を使った画像、光学望遠鏡、ハッブル宇宙望遠鏡などは、私たちの視野に広大な世界をもたらしてくれるし、電子顕微鏡は、私たち自身の細胞というはるかな宇宙に連れて行ってくれる。でもその中間の、裸眼で見る範囲については、私たちの感覚器官は不思議なほど鈍いのだ。

高度なテクノロジーを駆使して自分の手の届かないものを懸命に見ようとしながら、すぐ身近にあるものが持つ、数えきれないほどのキラキラした様相は、私たちの目には入らないことが多い。ほんの表層的なことしか目に入っていないのに、私たちはそれが「見えている」と考える。こうした中間距離を見る私たちの視覚が鋭敏さに欠けるのは、眼が悪いのではなくて、マインドがそれを見ようとしないからであるように思える。道具の性能のせいで、私たちは自分の裸眼を信用しなくなってしまったのか。それとも、テクノロジーなど必要とせず、時間をかけ、辛抱強くありさえすれば見えるものを、私たちは軽蔑するようになってしまったのだろうか。このうえなく強力な拡大鏡の向こうを張れるのは、見ようとする意識だけなのに。

オリンピック半島のリアルト・ビーチで、初めて北太平洋に遭遇したときのことを思い出す。海のないところに住む植物学者である私は、初めて海を見るのが楽しみで、曲がりくねった砂利道が向きを変えるたびに海が見えるかと首を伸ばした。車が着いたのは濃い灰色の霧の中で、霧は木々を包み私の髪を濡らした。晴れていたら、予想通りのものしか目に入らなかったことだろう――岩石の多い海岸線、緑深い森、そして広大に広がる海。だがその日、空気は不透明で、海岸沿いの丘が見えたのは、ベイトウヒのてっぺんが雲の中からちらりと姿を見せるときだけ。そこに海があることを私たちに知らせるのは、潮溜まりの向こうから聞こえてくる深い波の響きだけだった。奇妙なことに、この無限の空間の端で、近くにあるもの以外のすべてを霧が覆い隠し、世界はとても小さく縮んでいたのだ。海岸のパノラマを見たいという、私が抱えていた欲望は、唯一見えるものに注がれた――浜と、そして私のまわりの潮溜まりだ。

灰色の霧の中を歩いていると、友人は数歩離れるだけで幽霊のように掻き消え、私たちはすぐに互いの姿を見失った。完璧な小石を見つけた、とか、傷のついていないマテガイの貝殻を見つけた、と知らせる、くぐもった声だけが私たちをつなぎ止めていた。この旅行に備えるために野外観察図鑑を読み漁っていた私は、潮溜まりでヒトデを見られる「はず」だということを知っていた。初めて見るヒトデだ。それまでに私が見たことのあるヒトデといえば動物学の授業で見た乾燥ヒトデだけで、私はヒトデをその本来いるべき住処で見たくてたまらなかった。イガイやカサガイに混じっていないかと探したが、ヒトデはいない。潮溜まりはフジツボや風変わりな藻類、イソギンチャク、ヒザラ貝でいっぱいで、潮溜まり初心者の好奇心を満足させるには十分だった。でもヒトデはいないのだ。

私は岩の上を用心深く進み、月の色をしたイガイの貝殻のかけらを、そして小さな彫刻のような流木をポケットに入れながら探し続けた。ヒトデは見つからない。がっかりして、私は潮溜まりから顔を上げ、こわばった背中を伸ばした。と、突然——見えたのだ。鮮やかなオレンジ色をして、目の前の岩にへばりついているのが。それからは、まるでカーテンが開かれたかのように、いたるところにヒトデがいた。暗くなっていく夏の夜空に、一つまた一つと星が姿を現すように。黒い岩の裂け目のオレンジ色の星。腕を広げた、小さな斑点のあるワインレッドの星。寄り添いあって寒さをしのぐ家族のように固まっている紫色の星。次から次へとヒトデは見つかり、見えなかったものは突如見えるようになったのだ。

光り輝くコケのじゅうたん

知り合いのシャイアン族の長老に、何かを見つける最良の方法はそれを探しに行かないことだ、と言われたことがある。科学者にとって、これは難解な概念だ。でも彼は言った。目の隅で見ること。可能性に心を開くこと。そうすれば求めているものが姿を現す。ほんの少し前まで見えなかったものが突然見えるようになった、という驚くような事実は、私にとっては崇高な経験だった。今でもそのときのことを思い出すと、自分が大きく広がっていくのを感じる。突然の明晰さとともに、私の世界と、私とは別のものの世界を隔てる境界線が押しのけられるのだ。それは私を謙虚な気持ちにさせると同時に、喜びに満ちた経験である。

突如起きる視覚的認識は、一つには、脳の中で「探索像」が形成されて起きる。目に入る複雑な情景の中で、脳は初め、入ってくる情報のすべてを、評価を与えることなく記録する。星のような形をした五本のオレンジ色の腕、なめらかな黒い岩、光と影。そのすべてがインプットされるが、脳はすぐにはそうした情報を解釈してその意味を意識に伝えない。そのパターンが繰り返され、意識からのフィードバックがあって初めて、私たちは自分が何を見ているかがわかるのだ。動物が、複雑な視覚的パターンを、食べ物を意味するある特定の形状として識別し、獲物を見つけるのが巧くなるのはこういう仕組みだ。たとえばムシクイの中には、ある種の毛虫が異常発生してムシクイの脳の中に探索像ができるのに十分な数になると、見事な捕獲の腕前を発揮するものがいる。ところが同じ毛虫でも、数が少ないときには見つからなかったりするのだ。見ているものを認識するには、神経経路が経験によって訓練されなければならないのである。シナプシスに火がつき、星が登場する。見えなかったものが明白になる。

コケの物差しで考えれば、森の中を歩く身長一八〇センチの人間は、地上一万メートルの上空を飛んでいるのと同じようなものだ。地面からはるか遠く、しかもどこかに向かっている途中とあっては、足元に広がる王国にまるで気づかない可能性がある。毎日その上を通りながら、私たちの目には何も入らないのだ。コケやその他の小さな生き物たちは、少しの間、日常的知覚の境界ギリギリのところで立ち止まるよう私たちを誘っている。必要なのはただ、私たちが注意深くあることだけ。見方次第でまったく新しい世界が現れる。

別れた夫はよく、コケは単なる飾りだと言って、コケに対する私の情熱をからかうように冷笑したものだ。彼にとってコケは、彼が撮る樹の写真の雰囲気作りをしてくれる、森の背景にすぎなかった。コケのじゅうたんは実際に、輝く緑色の光を放つのだ。だが、レンズの焦点をコケの壁紙そのものに合わせれば、ぼやけた緑色の背景はくっきりと鮮明に浮かび上がり、まったく新しい次元が姿を現す。一見均質の織物に見えたその壁紙は、実は入り組んだ模様が織り込まれた複雑なつづれ織りだ。一言「コケ」で済ませていたものは、実はさまざまな形の、異なったたくさんの種類のコケなのだ。シダのミニチュアみたいな葉状体のものもあれば、ダチョウの羽のような横糸を持ったもの、赤ん坊のやわらかな髪の毛のようなキラキラした茂みもある。コケに覆われた木の幹を間近に眺めるとき、私はいつも、おとぎ話の中の布地の店に入ったような気持ちになる。飾り窓はさまざまな質感や色をした布地で溢れ、目の前に並んだ反物を、もっと近づいてよくごらん、と私を招く。プラジオテシウム（サナダゴケ属、*Plagiothecium*）のやわらかな襞を指先で辿ったり、つやつやしたブロテレッラ（カガミゴケ属、*Brotherella*）の錦織りに触ったり。ディクラヌム（シッポゴケ属、*Dicranum*）は濃い色をした毛糸のようだし、ブラカイテシウム（アオギヌゴケ属、*Brachythecium*）は黄金色の敷布、ムニウム（チョウチンゴケ属、*Mnium*）は光るリボンだ。ごつごつした茶色のカリクラディウム（クサゴケ属、*Callicladium*）の布地からは、ところどころキャンピリウム（ヤナギゴケモドキ属、*Campylium*）の金色の糸が飛び出している。これらを見ようとせずに急いで通り過ぎるのは、携帯電話でおしゃべりしながらモナリザの横を無関心に通り過ぎるようなものだ。

緑色の光と影が織りなす、このじゅうたんに近づいてみると、細い枝ががっしりした幹の上に木陰を作り、雨は天蓋を滴り落ち、そして真っ赤なダニが葉の上を這い回っている。周囲の森の構造がそのままコケのじゅうたんに繰り返され、シダの森とコケの森は互いに互いを映し合っている。焦点を露の玉に合わせれば、今度は森の風景がぼんやりした壁紙となり、コケたちが作り出す独特の小宇宙の背景でしかなくなるのだ。

コケを観ることを学ぶのは、観るというよりも聴くことに近い。うわべだけをチラリと見やるのでは不十分なのだ。遠くの声を聞いたり、会話に潜む隠れたニュアンスをつかもうと耳を澄ますには、注意力が必要だ。すべての騒音をふるいにかけなければ、音楽は聞こえない。コケは、エレベーターの中で流れる音楽ではない。ベートーベンの四重奏の、互いに絡まり合う音の糸なのだ。コケは、岩の上を流れる水にじっと耳を澄ませるのと同じように観るといい。心安らぐ小川の流れにはさまざまな音色があるが、心地よいコケの緑色もまたそうなのだ。フリーマン・ハウスは小川の音についてこう書いている――岩にあたってしぶきを上げながら川を勢いよく流れる水の音が聞こえる。だが用心深く静かに聴けば、川の流れというフーガにそれぞれの音色を聴きわけることができる。大きな岩の上を滑る水の音、その深い音よりずっと高音の、小石が動く音。岩と岩の狭間を流れる水のくぐもった音。深い淀みに滴り落ちる水滴の、鈴のような音。

コケを観るのもこれと同じだ。スピードを緩めて近づけば、絡まり合ったつづれ織りの糸の中から、模様が現れ、広がるのが見える。糸は全体とははっきりと異なり、同時に全体の一部でもある。

　雪の結晶の一つひとつが持つフラクタル模様を知ると、冬景色は一層驚嘆すべきものになる。コケを知ることで、世界に関する私たちの理解は豊かになるのだ。私の蘚苔学《せんたいがく》の学生たちが、森をこれまでとまったく違った目で観るようになっていくのを見ていると、私は彼らが変わっていくのを感じる。

植物の中で最も単純、そして優雅なコケ

　夏の間、私は蘚苔学を教える。森を歩き、共にコケを味わうのだ。授業の最初の数日間の冒険で、学生たちはコケの種類の区別がつき始める。最初は裸眼で、それから虫眼鏡で。学生たちが、コケむした岩に生えているのが単なる「コケ」というものではなくて、それぞれに物語を持つ二〇種類の異なったコケなのだ、ということを初めて知るとき、私はまるで目覚めに立ち会う助産師のような気持ちになる。

　森でも、研究室でも、私は学生たちの話を聞くのが好きだ。彼らの語彙は日に日に増えていき、葉っぱに似た芽を誇らしげに「配偶体」と呼んだり、コケの上にあるあの小さくて茶色いモノはきちんと「胞子体」と呼ぶようになる。まっすぐ上に伸びるふさふさのコケは「アクロカープ」、横に広がるのは「プロロカープ」。こうした形状を呼ぶ言葉があると、その違いが格段にはっきりする。言葉を知っていれば、もっと明瞭に見えるようになる。言葉を見つける、というのは、観ることを学ぶためのステップ

の一つなのだ。

学生たちがコケを顕微鏡で観察し始めると、また別の次元が、別の語彙群が開ける。葉の一枚一枚を苦労して切り離し、ガラス板に置いて詳細に観察する。二〇倍に拡大された葉の表面は美しい彫刻だ。単細胞を透過する明るい光が、その優雅な形を浮き上がらせる。こうして観察していると、思いがけない形や色彩に溢れたアートギャラリーをそぞろ歩きしているようで、時間はどこかへ行ってしまう。一時間ほど経って顕微鏡から顔を上げると、日常世界の単純さ、単調でありきたりな姿にびっくりすることがある。

微視的記述の語彙の明晰さは感動的だ。葉の縁は単にでこぼことは言わない。葉の縁の形状を表す専門用語群があるのだ。大きくて粗い突起は「歯状《しじょう》」、ノコギリの歯のようなら「鋸歯《きょし》状」、突起が小さくて揃っていれば「細鋸歯《さいきょし》状」、縁に沿って生えているふさは「繊毛《せんもう》」。蛇腹状にたたまれた葉は「扇《おうぎ》だたみ」、本の頁と頁の間に挟まれてぺたんこになったようなのは「平坦」。コケの構造のありとあらゆる微細な違いに、それを表す言葉がある。学生たちはこうした言葉を、まるで門外不出のフラタニティー［訳注：北米の大学や大学院の、男子寮、女子寮あるいは学生のための社交団体］言葉でもあるかのように交換し合い、彼らの間に絆が生まれるのを私は眺める。注意深い観察の結果を表す言葉を知っているとまた、コケとの間にも親密さが生まれる。細胞一つひとつの表面についてさえ、それを表現する言葉がある。乳房のような盛り上がりは「乳房状」、小さな突起は「乳頭状」、そして、突起が水ぼうそうのようにたくさんあれば「複数乳頭状」だ。初めは古くさい専門用語に思えるかもしれないが、こうした言葉は生命を持っている。厚ぼったくて丸っこい、水を含んで膨れている芽を呼ぶのに、「巾着状」

に勝る言葉があるだろうか。

コケは一般の人にはほとんど知られていないので、一般名を持っているコケはわずかで、ほとんどはラテン語の学名しかない。そのせいでほとんどの人は、コケの種類を見分けようという気が起きないのだ。でも私は学名が好きだ。なぜなら学名は、それが指しているコケと同じくらい美しくて複雑だからだ。リズミカルで美しい音を持つそうした名前を舌の上で転がして楽しむといい――ドリカテシア・ストリアテッラ（*Dolicathecia striatella*）、スイディウム・デリカチュルム（*Thuidium delicatulum*）、バルビューラ・ファラックス（*Barbula fallax*）。

だが、コケについて知るのに学名を知る必要はない。私たちがコケにつけるラテン語名は、恣意的な概念にすぎないのだ。新種のコケを見つけてまだその正式な名称がわからないとき、私はよく、自分にわかりやすい名前をつける。たとえば「緑のベルベット」「巻き毛あたま」「赤い幹」というように。言葉は重要ではない。大切なのは、コケを認識し、その個体性を認めることなのだと私は思う。ネイティブアメリカンの考え方では、あらゆるものが、人間ではない「人」として認識され、あらゆるものに名前がある。名前で呼ぶのは、相手に対する敬意のしるしであり、名前を無視するのは無礼にあたる。私たち人間は、言葉と名前を使って関係を築くのだ。人間同士の関係も、植物との関係も。

「コケ」という言葉が、実はコケではないものに使われることもよくある。ハナゴケは地衣類だし、スパニッシュ・モスは花をつける植物、シー・モス（紅藻類）は藻、そしてクラブ・モス（ヒカゲノカズラ）はシダ類なのだ。では、コケとは何なのか。本当のコケ、コケ植物は、陸上の植物では最古のものだ。コケを説明するときにはよく、もっとなじみのある高等植物とくらべてコケには何が欠けているか、という言い方をする。コケには花も、果実も、種も、そして根もない。維管束系《いかんそくけい》もないし、内部に水を運ぶ木部《もくぶ》も師部《しぶ》もない。コケは植物の中で最も単純で、その単純さゆえに、優雅である。茎と葉にいくつかの基本的な構成要素があるだけで、進化の過程は、世界中に二万二〇〇〇という種類のコケを生み出した。そのすべてが、事実上あらゆる生態系で隙間植物として生きられるようにデザインされた独特の生き物である、という同じ主題を持つバリエーションなのだ。

コケを観察すると、森についての知識はより深まり、親密さが増す。森の中を歩いていて、五〇歩先にコケがあることがその色だけでわかると、それが私をその場所にしっかりと結びつける。その緑の色調や光の当たり方だけでその種類がわかる。顔が見えるより先に、その歩き方で友人を判別できるように。騒々しい部屋のざわめきの中にいても愛する人の声は聞こえるように、あるいはたくさんの顔の中から自分の子どもの笑顔はすぐに見つかるように、愛情のある繋がりは、相手の顔が見えないことが多すぎるこの世界で、相手が誰なのかをわからせてくれる。こうした繋がりは、ある特別な差別化から生まれる。長い時間をかけて目を凝らし、耳を澄ませてできる探索像だ。この親密さが、視力だけでは不十分なところで、別の「見方」を私たちに教えてくれる。

小さな世界で生きる

環境への見事な適応

手を繋いでいるよちよち歩きの子どもが泣きわめいているおかげで、ご婦人が渋い顔をして私を見る。道を渡るときに手を繋がせたものだから、姪っ子はどうやっても泣き止まない。今やありったけの声で、「ちっちゃくないもん！　大きくなりたいもん！」と叫んでいる。その願いがあっという間に実現してしまうのを彼女は知らないのだ。車に戻り、チャイルドシートに縛りつけられる屈辱にめそめそ泣き続ける姪っ子に、私は何とか分別を吹き込もうと、小さいことの利点を思い出させる。ライラックの茂みの下の秘密の基地に入り込んで、お兄ちゃんから隠れられるじゃない？　おばあちゃんのお膝でお話も聞けるでしょ？　だが姪っ子は納得しない。帰路の途中で、彼女は買ったばかりの凧を握り、まだ頑固に口を尖らせたまま眠ってしまう。

姪っ子の幼稚園の理科の発表会に、コケに覆われた石を持っていったことがある。子どもたちに、コケってなんだと思う？　と尋ねると、子どもたちは、それが動物か、植物か、鉱物かという疑問はきれいにすっ飛ばして、まっすぐにその突出した特徴を答えた――コケは、小さい。子どもにはすぐにそれがわかるのだ。この、最もわかりやすい性質が、この世界におけるコケのあり方に、非常に大きな影響を与えている。

コケが小さいのは、上に伸びるのを支える器官を持たないからだ。コケが大きくなるのは主に、湖や川など、水がその重さを支えられる場所である。木が高くしっかりとそびえるのは、維管束組織があり、木部組織が張り巡らされ、壁の厚い管状の細胞が木製の配管設備のように木の内部に水を運ぶからだ。コケは最も原始的な植物で、そういう維管束組織を持っていない。その細い茎は、あれ以上伸びれば重さを支えられないのだ。同様に、木部組織がないということは、地面から茎の先端まで水を運ぶことができない、ということを意味する。二、三センチの高さを超えてしまえば、水分を保つことができないのである。

けれども、小さいからといってそれは失敗したことにはならない。コケは、どんな生物学的尺度で見ても成功している――地球上、ほとんどすべての生態系にコケは存在し、その種類は二万二〇〇〇にのぼるのだ。私の姪っ子が小さな空間を見つけては身を隠すように、コケは、多様な極小空間で生きることができる。そこでは体が大きくては都合が悪いのだ。歩道のひび割れや、樫の木の枝の上や、カブトムシの背中や、断崖の崖っぷち。コケは、大きな植物と植物の間に残された空っぽの隙間を埋める。小さな世界で生きることに見事に適応し、小さいことの利点をフルに活用して、コケは自分たちの領分を超え、命懸けで繁殖する。

大きく広がる根を持ち、陰影を作る葉が天蓋のように広がる樹木が、森で一番支配的な存在であることは疑いようがない。その競争優位性や大量の落葉には、コケはとても敵わない。小さいことの結果として一つ言えるのは、陽の光を求めて競い合うのは不可能だということだ。木が勝つに決まっている。だからコケは普通、日陰に生え、そこで大いに繁殖する。コケの葉にある葉緑素は、日光が大好きな植物のそれと種類が異なっていて、林冠を通過して届く光の波長を吸収するように微調整されている。

コケは、常緑樹の林冠が作る湿った日陰では元気よく繁殖し、びっしりと緑色のじゅうたんを作る。だが落葉樹の森では秋になると、落ちた葉の暗くて濡れた毛布がコケの息を詰まらせ、森の地面はコケが暮らせない場所になってしまう。コケは落ちてくる葉から逃れ、平野に突き出る丘のように森の地面より高くなっている倒木や切り株に避難する。コケは、木には生息できない場所に生えて繁殖する。それは岩や断崖、樹皮など、硬くて根を張れない基質なのだが、コケは見事に適応していて、そのことは問題にならない。むしろ、コケは選んだ環境に文句なしに君臨しているのだ。

コケは表面に生息する。岩の表面、樹皮、倒木の表面など、地面と空気が最初に出会う小さな空間だ。空気と地面が出会うこの場所のことを、境界層という。コケは岩や倒木と肩寄せ合って生えており、その形や特性をよく知っている。小さいということが不利であるどころか、コケはそのおかげで、境界層の中に形作られた独特の微環境をうまく利用することができるのだ。

大気と土壌の接点

この、大気と土壌の接点とは、いったいどういうものなのだろうか。葉っぱのような小さなものから丘といった大きなものまで、あらゆるものの表面には境界層がある。私たちはみな、とても簡単な方法でこのことを経験している。天気のよい夏の午後、地面に寝転んで空を見上げ、通り過ぎる雲を眺めるとき、私たちは地球の表面の境界層に横たわっている。地面に寝そべると、風はゆっくりになる。立っていれば髪をなびかせるであろうそよ風も、そこではほとんど感じられない。それに、そこは暖かい。太陽が暖めた地面は今度はその熱を私たちに向けて放射し、地表には風がないのでその暖かさがそこに留まるのだ。地面のすぐそばの気候は、地表一八〇センチのところの気候とは異なっている。そしてこの、私たちが地面に寝そべるときに感じることが、大きいものも小さいものも含めてあらゆるものの表面で起きているのだ。

大気には実体がないように思えるが、接触するものとの間には興味深いやりとりがある。流れる水が川底の地形に反応して動くのとよく似ている。動いている空気が岩などの表面を越えていくとき、その表面によって空気の動き方が変化する。障害物のないときには、大気は層流と呼ばれるなめらかで一直線の進み方をする傾向がある。それが目に見えたとしたら、深いなめらかな川をのびのびと流れる水のように見えるだろう。だが大気が何かの表面にぶつかると、摩擦に引っ張られて、動いている空気のスピードが落ちる。水の流れでも同じことが起きる――川底が岩だらけだったり丸太が倒れていたりすると、水の流れはゆっくりになるのだ。層流が表面の抵抗に邪魔されると、空気の流れは異なった速度を持つ、いくつかの層に分かれる。上空には速度の速い空気がなめらかな層を作り、その下に、乱流の域ができる。そこでは障害にぶつかった空気が回転し、渦を巻く。さらにその下、地表に近づくと、空気は徐々にゆっくりになっていき、地表に触れるところでは、表面との摩擦そのものに捕らえられて空気は完全に静止する。私たちが地面に寝そべって感じるのは、この、空気がじっとしている層なのだ。

もっと大きなスケールで言うならば、私は毎年春にこうした大気の層に出会う。四月になり、初めての暖かい日が訪れると、冬の間ずっとベランダに吊り下げられてクモの巣をかぶっていた凧が風を受けてパタパタと音を立て、私たちに青空を思い出させる。そこで私たちは凧を境界層の中で遊ばせてやることにする。私たちが住んでいる谷は山に囲まれていて、子どもたちも私も大好きな、ドラゴンの形をした大きな凧をすぐに浮かび上がらせられるほど風が強いことはめったにない。だから私たちは、牧場の裏手の道を、牛の糞を避けながら夢中で行ったり来たりして走り回り、凧が浮き上がるだけの風を起こそうとする。地表に近いところは風が弱くて凧の重さを支えられないのだ。凧は、風の届かないところで動けずにいる。私たちが狂ったように走って凧が持ち上がり、風のない空気の層を逃げ出して初めて、凧は糸を引っ張りながら踊り出す。激しく上がったり下がったりし、墜落しそうになる様子が、凧が乱流層に達したことを示す。そしてそれからようやく、凧の糸はピンと張り、赤と黄色のドラゴンは、そのさらに上で自由に流れる空気の中を泳ぎ出す。凧は大気の層流に合うようにできているし、コケは境界層向きにできているのだ。

牧場の小道は氷河が残していった岩が散在していて、私はその一つに腰かけ、マキバドリの声を聞きながら、凧の糸を繰り出す。岩は太陽の光で暖まり、表面はコケがやわらかい。私には、岩のまわりを自由に流れる空気が、コケの生えている表面にぶつかって生まれる流れのパターンが想像できる。陽の光の暖かさは、空気の動かないほんの小さな層の中に留まっている。空気はほとんど動かないので、二重窓の中間層のように、熱交換を妨げる断熱材の役割を果たす。私のまわりで春の風は冷たいが、岩の

地表の空気の流れ

コケのじゅうたんの上の空気の流れ方

表面の空気はもっとずっと暖かい。気温が零下の日でさえ、陽の当たる岩に生えたコケのまわりの水は凍らなかったりする。コケは、小さいがゆえに、岩の表面のすぐ上にたゆたっている温室のようなこの境界層で生きることができるのだ。

境界層は、熱だけではなく水蒸気もまた閉じ込める。湿った倒木の表面から蒸発する水分は境界層の中に捕らえられて湿気のある層を作り、コケはその中で元気に育つ。コケは湿気がなければ成長しない。乾けばすぐに光合成は止まり、成長がストップする。成長するのに適切な条件が揃うことは珍しく、だからコケの成長はとてもゆっくりしている。境界層という限られた空間に生えていれば、風が水分を奪うのを防げるので、成長できる時間が長くなる。境界層で生きられるほど小さいおかげで、コケは、もっと大きな植物はご存じない、暖かくて湿った住処が持てるのだ。

境界層にはまた、水蒸気以外の気体も含まれている。倒木を包む薄い境界層の空気中に含まれる化学成分は、周囲の森のそれとはずいぶん違っている。腐りつつある倒木には、無数の微生物が棲む。菌類やバクテリアが絶えず倒木を分解し、建物解体の鉄球のように確実に成果を上げる。分解生物の絶え間ない作業によって、頑丈な倒木はゆっくりと崩されて腐植土に変わり、二酸化炭素を豊富に含んだ気体を放つ。そして、それもまた境界層に閉じ込められる。環境大気中の二酸化炭素濃度は約三八〇ｐｐｍであるが、倒木の表面の境界層には、最大その一〇倍の二酸化炭素が含まれることがある。二酸化炭素は光合成の原材料で、コケの湿った葉が容易に吸収できる。つまり、境界層はコケの成長に有利な微気候を提供するだけでなく、光合成の原材料である二酸化炭素の供給量も多いのだ。他所に棲む理由がないではないか。

空気の流れを変え、風をつかまえる

境界層に棲めるほど小さい、というのが利点であることは議論の余地がない。コケは、その小ささが役に立つ微生息地を見つけたのだ。コケの茎が高く伸びすぎて乱流層の乾いた空気に届いてしまえば、コケの生育は厳しく抑えられてしまう。だから、境界層が与える限界にしたがって、コケはどれもみな一様に小さい、と私たちは想像する。ところが、コケの大きさにはとてつもなく大きな幅があり、その差はブルーベリーの茂みの高さとアメリカスギの違いにも相当する。高さたった一ミリの小さな皮のようなものから、最大一〇センチになることもある立派な茎状のものまであるのだ。こうした背丈の違いは、大抵の場合、特定の生息環境の境界層の厚さによって説明がつく。風と太陽にさらされる岩の表面の境界層はとても薄い。だから、こうした乾いた場所に生えるコケは、境界層の保護を受けるには非常に小さくなくてはならない。反対に、湿った森の中の岩に生えるコケは、もっとずっと背丈が高くなっても快適な微気候の中に留まることができる。岩の境界層が、森そのものの境界層の内側にあるからだ。木々が風を弱め、葉陰が水分の蒸発を抑えて、あたりを乾燥した空気から護るのである。湿気の高い熱帯雨林では、コケもみずみずしく、背が高い。境界層が大きければ大きいほど、コケも大きくなれるのだ。

また、コケはその形を変化させることで自分自身の境界層の厚さをコントロールすることもできる。動いている空気との摩擦を大きくするものが表面にあれば、空気の流れはゆっくりになり、境界層が厚くなる。表面がざらざらなほうが、なめらかな表面よりも空気の流れを遅くするのに効果的だ。大草原で激しい吹雪につかまり、強い風があなたの顔に雪を叩きつけているところを想像してほしい。風の圧力から逃れようとして、あなたは身を横たえ、地球の境界層に逃げ込むだろう。もし選べるとしたら、何もない草原に寝転ぶのと、背の高い草むらに寝転ぶのと、どちらが暖かいだろうか。丈の高い草が空気の流れに飛び出していれば、流れが遅くなり、境界層が大きくなって、体温の保持を助けてくれる。コケはこれと同じ原理を使って、自分の上の境界層を大きくする。コケそのものの表面のざらざらした質感が、空気の流れに対する抵抗を生むのだ。抵抗が大きければ大きいほど、境界層は厚くなる。背の高い草の生えた草原のミニチュア版のように、コケの茎は、空気の流れを遅くするように適応してみせる。多くのコケは、そのまわりの空気の流れを遅くするために細くて長い葉が上向きに生えているし、乾いた土地のコケには、びっしりと毛が生えていたり、葉頂が長く、反り返っていたり、ごく小さな棘が生えていたりすることが多い。このように葉の表面に何かが生えているのもまた、境界層を厚くして、空気の流れをゆっくりにし、大切な水分の蒸発を少なくするためだ。

乾燥した地域では、コケは往々にして、その日必要な水分を露から摂らなければならない。大気と岩の表面の相互作用が、結露に適した条件を作る。夜、太陽の熱が消えると、(まだ暖かさが残っている)岩の表面と空気の温度差によって、空気中の水分が凝縮されて水になるのだ。空気と岩が触れ合うちょうどそこに、薄い露の膜ができて、コケはそれを容易に吸収することができる。そんなにわずかで儚い水分の恩恵にあずかり、露で生き永らえることができるのは、とても小さい生き物だけだ。

安全で心地よい境界層という領域は、コケに安全な隠れ家を提供する。だが、コケを生長させ成熟させることの滋養に満ちた環境にいることが、次の世代にとっては問題となる。私の姪っ子と同様に、コケもいずれは年長のコケの保護のもとを去って、自分自身の居場所を見つけなければならないのだ。コケは、胞子を作って繁殖する。これは細かい粉のような珠芽で、風がなければ遠くへは行けない。胞子のほとんどは、自分の親であるふさふさの葉のじゅうたんの上では発芽できないので、他所へ行くことが絶対に必要なのだ。境界層の中のじっとした大気は、胞子を飛ばすには十分ではない。そこでコケは、風をつかまえて胞子が故郷から旅立つのを助けるために、境界層から頭を突き出す、蒴柄《さくへい》という長い茎の上に胞子を持ち上げる。めきめきと成長する胞子体は境界層を突き抜けて、風に舞う凧のように乱流層に突入する。そしてそこで、風が胞子の蒴のまわりを渦巻き、胞子を引っ張り出して、新天地へと運んでいくのだ。どんな生き物も若者はみなそうであるように、先達たちに与えられた制限から脱出して、大きく広がる大地の自由を求めるのである。

　蒴柄と呼ばれるものの長さは、境界層の厚さと密接に相関している。森に生えるコケの蒴柄は、境界層から抜け出て林床の上を流れるそよ風をつかまえるために、かなり背が高くなくてはいけない。反対に、広々とした、境界層が薄い場所に生えるコケの蒴柄は短いのが普通だ。

　コケは、他の植物がその大きさのゆえに生育できない空間を自分の場所とする。コケの生き方は、小ささへの賛美なのだ。コケは、その形状の独特の性質を、大気と大地が触れ合う自然の法則に沿わせることで立派に成長する。小さい、ということにおいて、彼らの限界こそが彼らの強みなのだ。そう言ったところで姪っ子は耳を貸さないだろうけれど。

コケの生活環

植物界の両生類

湿った風に震えながら、冬が終わって春に差しかかろうとしているこの四月の宵、私は窓を閉めることができずにいる。冷たい空気と一緒に、トリゴエアマガエルの鳴き声がかすかに聞こえるが、私はそれでは満足できない。もっと聞きたいのだ。そこで私は階下に降り、ナイトガウンの上にダウンジャケットをはおり、裸足の足をブーツに突っ込んで、キッチンで燃える暖炉の暖かさを後にする。ところどころ溶け残った雪の上でブーツの靴ひもを引きずり、濡れた地面の香りを吸い込みながら、私は母屋より高いところにある池へとてくてく登っていく。音が私を呼ぶ。近づくにつれて合唱の声は大きくなり、私はクライマックスのただ中にやってきたようだ。私はもう一度、ぶるっと体を震わせる。大気は、大集合して鳴いているカエルたちの声に文字通り鼓動し、私のジャケットのナイロンの布地を振動させる。私を眠りから覚ましてここへ連れてきた、そしてカエルたちを池に呼び戻した、この鳴き声のパワーに私は驚嘆する。私たちは何か共通の言葉を持っていて、それが私たちをともにこの場所に連れてきたのだろうか。カエルにはカエルの計画がある。ではいったい何が私を、ここに連れてきて、この音の潮流の中に岩のように佇《たたず》ませるのだろう。

響き渡る彼らの鳴き声は、集団受精という春の祭典のために、周辺のカエルをすべてこの集会場に呼び集める。雌が浅瀬に卵を絞り出すと、雄がそれに乳白色の精液をかぶせる。ゼリー状の物質に包まれて、卵はおたまじゃくしになり、親ガエルがとっくに森に戻った夏の終わりには、成熟したカエルになる。トリゴエアマガエルは、成体になってからはその一生のほとんどを木の上で単独で暮らし、林床を移動する。生まれたところからどんなに遠くまで冒険しようと、生殖のためには彼らはみな水のあるところに戻らなくてはならない。祖先たちが暮らしていた海中から陸での生活へと移行した、最も原始的な脊椎《せきつい》動物である両生類はみな、その進化の歴史ゆえに、池から離れることができないのだ。

コケは植物界の両生類だ。陸生の植物に向かう進化の第一段階であり、藻と、もっと高等な陸生植物との真ん中に位置している。陸上で生き延びるのを助ける基本的な適応はすでに済み、砂漠ですら生育が可能だ。だが、トリゴエアマガエル同様、繁殖のためには水が必要である。移動する脚がないから、コケは、祖先が住んでいた原初の池を、自らの枝の中に再現しなくてはならない。

次の日私は、今では静かになった池に、夕食に料理するリュウキンカを探しに戻った。葉を摘むために身をかがめると、夕べの名残、たくさんの卵が陽の当たる浅瀬に産みつけられているのが見えた。卵は、小さな酸素の気泡がたくさんくっついた藻と絡まり合っている。見ていると、気泡が一つ、ゆらゆらと水面に上ってはじけた。

ズニ族の言い伝えによれば、世界の始まりは雲と水で、それから大地と太陽が結婚して緑の藻が生まれた。そして、すべての生命が藻から生まれたのである。科学的な知見では、世界が緑化される以前、唯一の生命は水の中にあった。水深の浅い入り江では、波が何もない浜辺にくだけた。強い日射しに焼かれる大陸には、木陰を作る一本の木もなかった。初期の大気にはオゾンが存在せず、太陽は容赦なく大地に照りつけ、痛烈な紫外線放射が、陸に上がろうとした生き物のＤＮＡをことごとく破壊した。

だが、海や内陸の池の中では水が紫外線を遮断し、藻は懸命に進化の歴史の進路を変えようとしていた。ズニの物語に説明されている通りだ。糸状の藻から、光合成の排出ガスである酸素の分子が湧き出て一つまた一つと大気圏に溜まった。酸素というこの新しい物質は、成層圏で強い太陽光と反応を起こしてオゾン層を形成し、それがやがて傘のように地球上のすべての生命を守ることになった。そうなって初めて地表は、生命の出現に安全な環境になったのだ。

淡水池は緑藻類には住みやすい環境だった。水そのものに支えられ、栄養物が常にまわり中にあったから、藻は複雑な構造を必要とせず、根も、葉も、花もなく、ただ日光をつかまえるための、絡まり合う糸状体《しじょうたい》だけがあればよかった。この暖かな水の中では、生殖は簡単で単純だった。つるつるの糸状体から放たれた卵細胞はふらふらと漂い、大量の精子が水中に放出される。偶然卵細胞と精子が出会えばそこから新しい藻が育ち、そこに子宮による保護は不要だ。水がすべてを整えてくれるのだから。

水中での楽ちんな生活から過酷な陸上へと、どうやって移動が起こったのかは誰にもわからない。もしかしたら池が干上がり、藻は水から上げられた魚のように池の底に取り残されてしまったのかもしれない。岩礁海岸の、日陰になった岩の割れ目にコロニーを作ったのかもしれない。化石は首尾よくいった変化の結果は残すけれど、その過程が保存されることはめったにない。でもわかっているのは、デボ

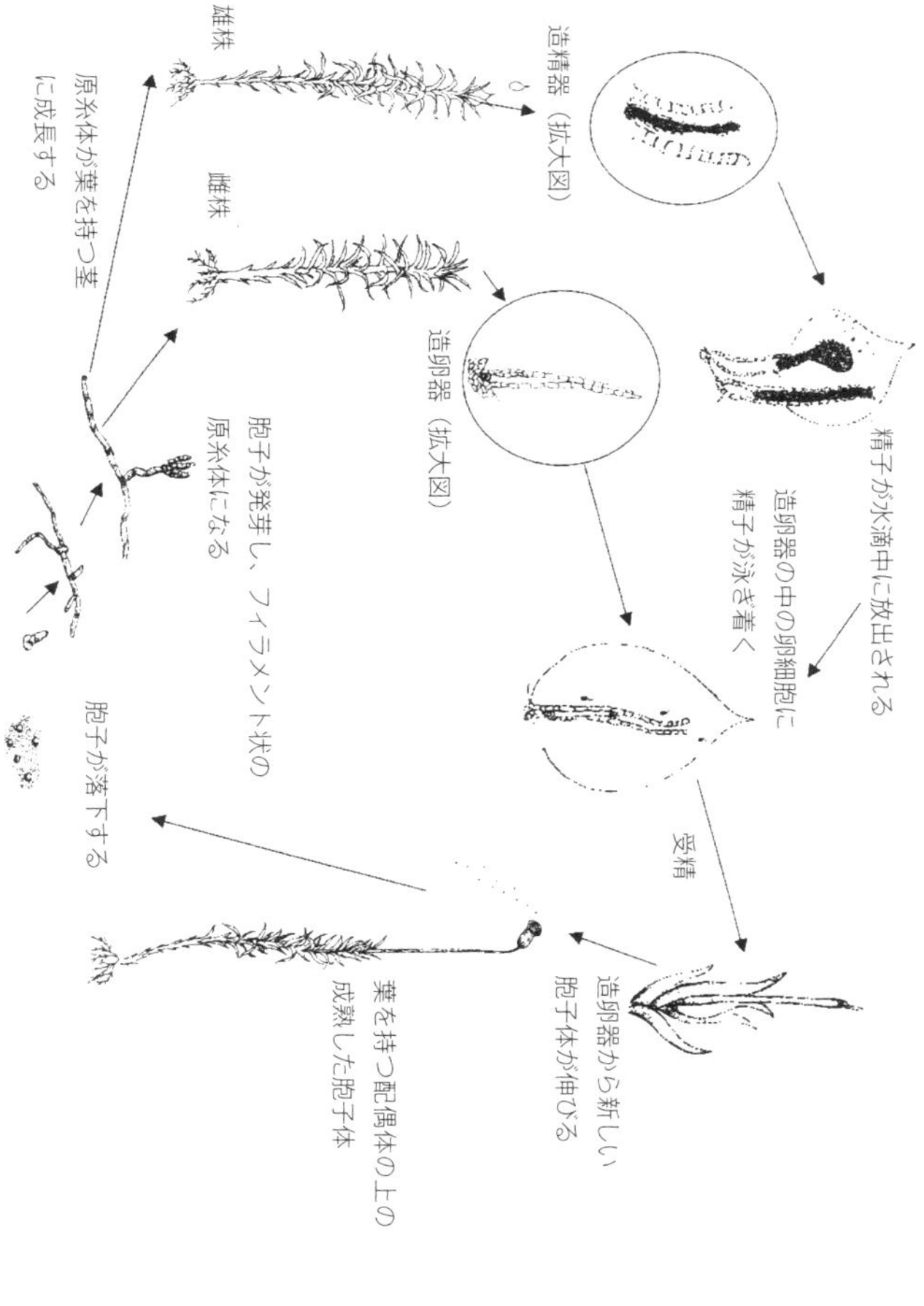

コケの生活環。乾いた陸上でのさまざまな試練に対処するために生まれた

ン紀末期、今から三億五〇〇〇万年以上前に、記録されている最も原始的な植物が、水から出て陸上で生息しようとしたということだ。その開拓者こそがコケだったのだ。

気楽な水中生活を後にしてあえて陸に上がろうとしたコケを、幾多の手強い試練が襲ったが、中でも最も大きかったのが生殖の問題だった。祖先である藻類からは、浮遊する卵細胞と水中を泳ぐ精子による性交という財産を受け継いだものの、それは水中ではよかったが、乾いた陸の上では障害になった。池が干上がればトリゴエアマガエルの卵はおしまいだ。乾いた空気は、藻の卵細胞にもまた死をもたらした。コケの生活環は、こうした試練に対処するために生まれた。

籠《かご》がリュウキンカでいっぱいになると、私は古ぼけたガラス瓶を取り出し、池の水とトリゴエアマガエルの卵を瓶いっぱいにすくい上げた。持って帰って、卵がおたまじゃくしになるのを娘たちに見せるのだ。子どもの頃、卵の真ん中にある小さな黒い点から足と尻尾が生える様子に私はすっかり魅了された。むっちりとした丸い卵は私に、妊娠中だったときのことを思い出させる――私の内側にある暖かな池の中に、小さく動く私自身のおたまじゃくしを抱え持っている、というあの感覚。私たちはみな、それぞれのやり方で、生殖のために池に戻り、水の中にある私たちの源と再び繋がるのだ。池の岸にはふさふさとコケが生えているので、私はそれも少々つかみ取る。顕微鏡で娘たちに見せるとしよう。

陸上で生き残るための構造

コケは、陸上で生き残るために、単純な藻をはるかに凌駕するまったく新しい構造を進化させた。水中を漂う藻類のひも状の体に、自分をしっかりと支える茎が取って代わった。顕微鏡で見ると、渦巻状になっている完璧な小さい葉と、コケを土にしっかりと繋ぎ止める小さな仮根《かこん》の、茶色い産毛《うぶげ》のような房が見える。茎の先端の葉は形が違って、びっしりと円を描くように集まっている。コケのてっぺんにある集まった葉の中に隠れて見えないが、そこに雌性《しせい》生殖器である造卵器があるのだ。そっとつけば、葉を分けてその中を覗くことができる。そこには、栗色で、首の長いワインボトルのような形をした造卵器が三つ四つ見える。別の茎には、葉の葉腋《ようえき》に、毛のような葉の房がある。それを脇にどけると、ソーセージの形をした嚢がいくつかかたまっていて、どれも緑色で膨らんでいる。これが雄の生殖器、造精器だ。今にも放出されるのを待つ精子でパンパンだ。

乾いた陸地で生殖することの困難さに対応するために、コケはまったく新しい手法を編み出した。卵細胞は水の中には放出されず、雌の生殖器の中で護られている。シダ類からモミの木まで、現在存在する植物はすべて、最初にコケが始めたこの戦略を採用している。子宮が胎児を護るように、造卵器の膨らんだ根元に卵細胞が抱かれている。かたまって生えている葉が水分を捕らえ、卵細胞が乾くのを防い

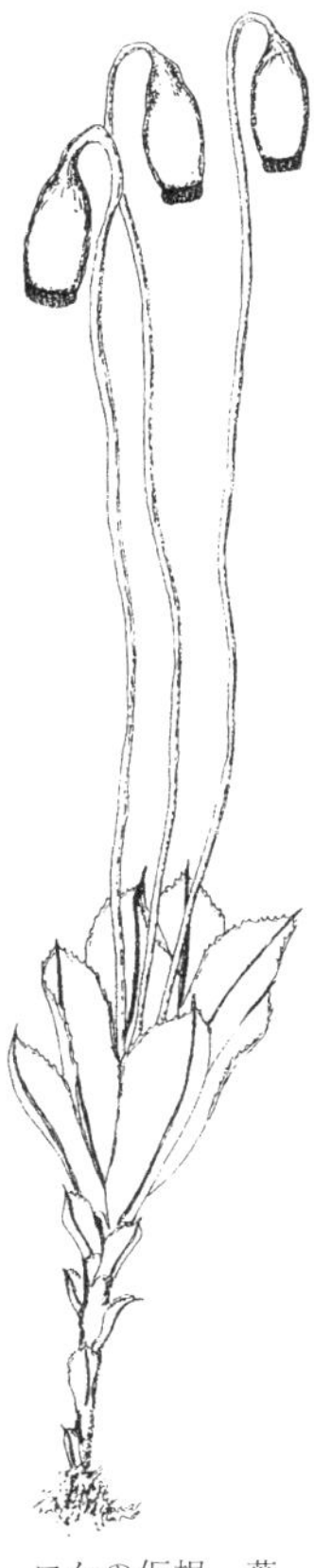

コケの仮根、葉、
胞子体

で、精子が泳ぐ水溜まりを作る。未受精の卵細胞は造卵器の中に安全に収まって、じっと待つのである。

だが、精子を卵細胞に届けるのはこの上なく難しい。まず最初の問題は、陸上では手に入るとは限らない水が欠かせないということだ。卵細胞に到達するためには、精子が泳げる水の層が途切れずになくてはならないのだ。雨や露が、びっしりとかたまって生えている葉の間に捕らえられる。葉と葉の間の細長い空間が水を導き、雄株と雌株を結ぶ透明の送水路となる。だが水の層が途中で途切れれば、それは越えることのできない障壁となって、精子は卵細胞に到達できない。精子と、蒸発によって水という一時的な橋が奪い去られることとの競走なのだ。雨や露、あるいは滝の飛沫によってコケが十分に濡れていなければ、卵細胞は受精されないままだ。雨量の少ない年には、生殖はできない可能性が高い。

コケの精子は大量に作られるが、その極小の精子細胞一つひとつが卵細胞を見つける可能性はほとんどないに等しい。精力的に仲間を呼び寄せるトリゴエアマガエルと違い、コケの精子には目的地に導いてくれる誘導システムがないから、水の層の中を行きあたりばったりに泳ぎ回り、そのほとんどは葉の迷宮の中に迷い込んでしまう。精子は小さくて泳ぐのも下手だし、旅に必要なエネルギーもわずかしか持たない。造精器からいったん放たれれば、精子が生き残れる確率は刻々と低くなっていく。一時間も経てば、持っているエネルギーを使い果たして死んでしまうのだ。そして卵細胞は待ち続ける。

三つ目の問題は、水の性質そのものにある。人間の目から見れば水はとてもやわらかで、私たちは深いところまで楽に潜ることができる。だが顕微鏡サイズのコケにとってみると、水の中を進むのは、人間がゼリーを張ったプールを泳ごうとするようなものなのだ。水滴の表面張力が、コケの精子にとっては弾性壁となる。しきりに身を震わせてその壁を押しても、破れない。だがコケは、水から自由になるための巧妙な手段をいくつもひねり出した。精子が放出される準備が整うと、造精器は余分に水を吸収し、膨らんで、ついには破裂する。精子はその水圧に乗って押し出され、旅の始まりに勢いをつけるのだ。

コケが水の表面張力を克服するもう一つの方法は、精子を界面活性剤と一緒に送り出すことだ。造精器が破裂すると、化学的界面活性剤が石けんのように働いて、水の粘性を弱める。界面活性剤が張り詰めた水滴の表面に触れるやいなや、表面張力が崩壊し、水の球は突如平らな、流れる水の層となって、精子はまるで波に乗るサーファーのように運ばれていく。

コケの精子が卵細胞に近づくにはできる限りの助けを必要とするが、それでも精子を作った造精器から一〇センチ以上移動することはめったにない。中にはその距離を伸ばすために他の方法を生み出し、水しぶきの力を使って精子を拡散させるものもある。スギゴケ属の場合、造精器は、ひまわりの花びらのように放射状に広がる葉でできた平らな円形の皿で囲まれている。この皿の上に雨粒が落ちると、精子を二五センチ近くも飛ばし、移動距離を二倍以上に伸ばすことがある。

すべての条件が整えば、精子は雌株に泳ぎ着くことができ、造卵器の長い首を伝って降りて、待ち構える卵細胞に到達する。受精によって、次世代のコケの最初の細胞である胞子体ができる。トリゴエアマガエルの場合、ゼリー質の膜に護られているだけで池に浮かんでいるその受精卵の命運は、周囲の環境のなすがままだ。だがコケの母親たちは子どもたちを見捨てない。次の世代のコケを、造卵器の中で育てるのだ。胎盤の中にあるのと似た、特殊な転送細胞が、親ゴケから成長中の子どもへと栄養を運ぶ。なんという驚くべき人間との共通性だろう。コケは、私の娘たちがこの世に生まれるのを助けたのとよく似た細胞を使ってその子どもたちを育てるのだ。

受精したトリゴエアマガエルの卵は、まずオタマジャクシになり、それから親と同じ姿になる。若いコケも、葉がふさふさとした親と同じ姿の大人に直接育つわけではない。受精卵はまず、胞子体という複相世代になる。胞子体は親ゴケに付着し、親ゴケから栄養を与えられつつ、胞子嚢を作り、胞子を作り、つまり減数分裂をして次の世代の胞子を作り、拡散させるのだ。

遺伝子と環境が織りなす複雑な舞踏

池では、夏の日射しが水を暖め、娘たちと私は泳ぎたいという誘惑に駆られる。だが水は藻がいっぱいで淀んでおり、こんな暑い日でさえ泳ぐ気にはなれない。そこでかわりに私たちは岸辺に腹ばいになって地面に本を開き、陽の光を存分に浴びる。私は地面が目の高さにあるのが好きだ。岸辺に沿って、コケの上に生えた胞子体にぼんやりと指先をすべらせる。弾力性のある胞子体が私の指先から跳ね返るのと一緒に、胞子が少々風に散る。胞子体はそれぞれ、春先に造卵器が卵細胞を守っていた茎頂の一つひとつから伸びている。胞子体は今や、二・五センチほどの長さの蒴柄の先端でふっくらした樽型の蒴になっている。その中に粉末状のたくさんの胞子が入っていて、どこであれ、風に運ばれたその先で運試しするのを待っているのだ。

住処を見つけるのはかなり困難なことで、胞子のほとんどはやみくもに、コケに適さない場所に落ちてしまう。だが、もしも別の池の湿った岸辺の地面や、もっと他の湿気のある場所に胞子が運ばれたならば、そこでまた変容が起きる。琥珀色をした丸い胞子は水分を含んで膨れ、原糸体《げんしたい》という緑色の糸がそこから伸びるのだ。原糸体は枝分かれし、湿った土の上に広がって、緑色の網のようになる。この時点では、コケは何よりもその遠い親戚によく似ていて、フィラメント状の藻とほとんど区別がつかない。生まれたての赤ん坊が曾おばあちゃんにそっくりなように、原糸体には祖先である藻の特徴がすべて備わっている。遺伝子の中に、進化の残響が含まれているのだ。でもその類似は間もなく消え、原糸体の芽から葉のついた茎が立ち上がって、新しく、分厚いカーペット状のコケができる。

だが、そんなハッピーエンドを迎えるコケはごくわずかだ。陸上での生殖にかけてはコケは素人で、それは一目瞭然なのだ。コケは生殖が可能なように適応はしたが、その効率は非常に悪い。そもそも造卵器に近づける精子はごく限られていて、卵細胞の多くは、教会で式をすっぽかされた花嫁のように待ちぼうけを食う。膨大なエネルギーが無駄になるのだ。有性生殖の成功を邪魔しようと企む要因がこれほど多くては、コケの多くの種類がセックスを完全に諦めてしまったとしても不思議はない。胞子体を作る、というのは、多くのコケにとっては非常に稀なことだし、そんなことはまったく知らないというコケも多い。

有性生殖が起こらなければ、トリゴエアマガエルはいなくなり、春先の大合唱も聞けなくなってしまうだろう。ところがトリゴエアマガエルと違って、コケは、たとえ精子が卵細胞に巡り逢えなくても、相変わらず拡散し、繁殖できる。増殖の機会は、セックスだけに留まらないのだ。生命工学が出現するはるか以前から、コケはクローンを作り、自分のまわりを遺伝子的にまったく同一のコピーだらけにしてきた。実際、コケの大部分の種は、ほんの小さな一片から完全に再生できる。偶然に千切れて湿った土の上に落ちた一枚の葉から、新しいコケがまるまるできるのだ。無性生殖もまた、繁殖のための代替案なのである。gemmae、bulbil、brood body、branchletなど、コケが作る無性繁殖に特化した繁殖体はさまざまだ。これらはつまり、コケの異なる部位にできる、取り外し可能な付属器官のことだ。母体から切り離されて新しい住処に散っていき、そこで新しいコロニーを作る。有性生殖の面倒さも効率の悪さもない。クローンを作るには、卵細胞と精子を一緒にする必要もないし、胞子体を作る時間もエネルギーも必要ない。有性、無性を含むこうした世界の営みのすべては、遺伝子と環境が織りなす複雑な舞踏であり、継続、永久化というテーマのもとに展開される進化という変異なのだ。

毎年春になると、娘たちと私はトリゴエアマガエルがその歌で「ラッパズイセンを呼びだしている」と言う。トリゴエアマガエルの合唱が初めて聞こえるとラッパズイセンの緑の新芽が顔を出し、合唱の季節が終わる前に満開になるのだ。ポタワトミ族の私の祖先は、この神秘のことを呼ぶ言葉を持っていた。「プポウィー」。一夜にしてきのこを土から立ち上がらせる力のことだ。私はこれこそが、四月の宵に私を池へと引き寄せるのだと思う――プポウィーの存在を証言すること。おたまじゃくしと胞子、卵細胞と精子、あなたと私、コケとトリゴエアマガエル――私たちみなを繋いでいるのは、春の初め、夜を満たす鳴き声の意味について共有している理解だ。それは、私たちの内側で共鳴する、言葉にならない憧れの声である。存続し、世界に満ちる神聖な生命の一部でありたい、という切望の声なのだ。

シッポゴケ　女系家族と小さな雄

シッポゴケ一族

　地元の公共ラジオ放送局の土曜の朝の時間帯に、私が普段、用事をしながら、あるいは山に向かう車の中で聴く番組がある。クルマに関する番組『Car Talk』と物知り情報番組『What Do You Know?』に挟まっている『ザ・サテライト・シスターズ（The Satellite Sisters）』だ。「私たちは二つの大陸に暮らす五人姉妹、親は同じだけど生き方はバラバラ。さあ、おしゃべりしましょう」。五人姉妹は世界のあちこちから電話で番組に参加するのだけれど、雰囲気は、キッチンのテーブルで、飲みかけのコーヒーカップと砂糖がけのパンの乗ったお皿を前にしておしゃべりしているかのようだ。話題は、キャリアの積み方から子どものこと、女性の環境保護活動における役割、スーパーでブドウの味見をすることの倫理的ジレンマまで、とりとめがない。そして、もちろん恋愛についても。

　夫は納屋で好きなことをしているし、娘たちは誕生パーティーに出かけている。私は、今朝のシスターズの会話と同じく、満ち足りて、ぐうたらな気分でいる。散歩するには天気が悪すぎるし、ぬかるんでいて庭仕事もできないから、今朝は何でも好きなことができるのだ。ずっとやりたかった、種類を確認していないシッポゴケを観察する機会だ。楽しみのために仕事ができるなんて、なんという贅沢だろう。研究室の窓を雨が流れ落ち、私のおともはシスターズの声だけ。一緒に大声で笑っても気に留める人は誰もいない。学生もいないし、電話も来ない。ひとつかみのコケと、普段の週末のやかましさから盗み取られた数時間があるだけだ。

シッポゴケはコケの属の一つで、その下に多数の種がある。同じ家族の姉妹のようなものだ。私には、シッポゴケは女性にしか見えない。なぜならシッポゴケの男性陣は、独特の、おそらくは彼らに相応しい運命を辿ったからだ。強い女性ならすぐに理解できることだと思うが、これについては後で書こう。ラジオでシスターズが、髪型を変えるのは、自信のない自分が露わになるという危うさを孕んでいる、という体験談を話しているのを聴きながら、私は笑う。シッポゴケが他のどんなコケよりも髪の毛に似ていることに、これまで一度も気がつかなかったなんて——櫛《くし》で梳《す》き、きちんと分けて片側にとかしつけられた髪の毛に。他のコケは、じゅうたんや森のミニチュアを連想させる。だがシッポゴケは髪型を思い起こさせるのだ——ダックテイルや、ウェーブ、くるくるの縦ロール、そしてスポーツ刈り。一番小さいディクラヌム・モンターヌム（*D. montanum*）から一番大きいナガエノシッポゴケ（*D. undulatum*）まで、一列に並べて家族写真を撮ったとしたら、きっと家族に共通の特徴に気がつくはずだ。どれも、髪の毛のような、長くて細くて先がカールした葉をしていて、それが風に吹かれたように片側になびいている。

サテライト・シスターズがタイやオレゴン州のポートランドから電話をかけてくるように、シッポゴ

シッポゴケ一族で一番小さい
ディクラヌム・モンターヌム

ケ属も世界中の森に広く分布している。チャシッポゴケ（*D. fuscescens*）ははるか北方に生息しているし、ディクラヌム・アルビドゥム（*D. albidum*）の生息地は熱帯地方まで広がっている。姉妹たちが仲良く共存できるのは、離れたところにいるせいもあるのかもしれない。シッポゴケ属はかなりの数の適応放散を経てきている。つまり、一つの祖先から多くの新種が進化したのである。ダーウィンフィンチ類にしてもシッポゴケにしても、適応放散によって生まれるのは特定の生態的地位によく適応した新種だ。ダーウィンフィンチ類は、海で迷子になり、荒涼としたガラパゴス島に流れ着いた一種類の祖先が新しい種に進化した。ガラパゴス諸島の島の一つひとつが、独自の種と、その種に特有の食物を支えている。これと同様に、もともとのシッポゴケがたくさんの種に枝分かれし、そのそれぞれが、祖先の持つ特徴の変異した容姿と生息地、生活様式を持っているのだ。

　こうした新種への枝分かれをもたらした要因は、兄弟姉妹の間ではお決まりの競争と関係がある。兄の持ち物を、兄が持っている、というただそれだけの理由で自分も欲しかった、という経験はないだろうか。家族で囲む夕食で、誰もが日曜日のご馳走のチキンの腿の部分を欲しがれば、必ず誰かががっかりすることになる。もしも近縁である二種がその生息地に同じものを必要としているのに、双方に足るだけの供給がなかったら、そのどちらも、生き残るのに必要なものが得られないことになる。だからどの家庭でも、子どもたちはそれぞれ独自の好みを発達させることで共存が可能になる。もっぱら胸肉やマッシュポテトを食べるようにすれば、脚の肉をめぐって競争しなくて済むわけだ。これと同じ専門化の過程が、シッポゴケにも起こった。競争を回避すれば、たくさんの種が共存でき、それぞれの種は他の「姉妹種」たちと生息地を奪い合わずに済む。コケ版「自分だけの部屋」というわけだ。

大家族ならお馴染みの、姉妹たちの家庭内役割分担にあたるものが、シッポゴケの一族にもある。すぐにそれとわかるはずだ。たとえばディクラヌム・モンターヌムは控え目。ほら、いるでしょう——地味で目立たず、短い巻き毛の髪はいつもクシャクシャのタイプ。日曜日のご馳走で言うなら手羽肉だろうか、たまに見かける露出した木の根や剝き出しの岩など、他の誰も選ばなかった場所を住処にするのが彼女だ。湿った日陰の岩にはまた、片側になびかせた輝く長い葉が見目麗しい、魅惑的なカモジゴケ(*D. scoparium*)も住んでいる。これはシッポゴケの中でも豪華な種で、その絹のようなやわらかさに指で触れ、ふかふかのクッションを枕にしたくなる。この二つの姉妹種が同じ岩の上に同居すると、派手なカモジゴケが、しっとりして陽の当たる岩のてっぺんの肥沃な土など、一番良い場所を独占し、ディクラヌム・モンターヌムが隙間を埋める。カモジゴケが妹を押しのけてその住処を侵害し、隅のほうに追いやっても、誰も驚かない。

片側になびかせた長い葉が美しいカモジゴケ

シッポゴケの他の種は、同じ場所を共有して衝突が起きるのを避ける傾向にある。強い個性同士はぶつかり合うからだ。軍隊のスポーツ刈りのような、きちんとして真っ直ぐな葉を持つヒメカモジゴケ（*D. flagellare*）は、他の種には近づかず、倒れて腐敗の進んだ木の幹だけを選んで住む。家族で言えば保守的なタイプで、ほとんどの場合独身主義であり、家族を持つことよりも、クローニングによって自分自身が成長していくことを好む。一人暮らしを好み、濃い緑色をしたタカネカモジゴケ（*D. viride*）には、葉のてっぺんがすぐに爪を齧《かじ》ったようにちぎれてしまうという隠れた弱みがある。一方、ナミシッポゴケ（*D. polysetum*）は、多数の胞子体を持ち、当然、一族で最も子だくさんな母親だ。さらに、長くてウェーブのかかった葉を持ち、湿原のハンモックの頂上を覆うナガエノシッポゴケや、問題児のフジシッポゴケ（*D. fulvum*）など、パワフルな姉妹ゴケは十数種におよぶ。

花嫁の葉の間に隠れる小さな雄

二杯目のコーヒーを淹れ、コケの標本を根気よく分類していると、サテライト・シスターズの話題が男性のことになる。五人姉妹の中には結婚して幸せな人もいるし、先週末の婚活のできごとを話しながら、結婚の約束や父親として相応しそうな男性についてあれこれ考えている人もいる。正しい結婚相手を見つけるのは世界中の女性の関心事だが、それはシッポゴケにとっても重要課題だ。前章でも見たように、弱くて短命な雄の能力に限界があるので、コケの有性生殖はどうも頼りにならない。精子と卵細胞の間に泳いで渡れる水がなければ、成功のチャンスはタイミングよく雨が降るかどうかにかかっている。ほんの数センチしか離れていないのに精子と卵細胞を隔絶させる障壁に立ち向かい、精子は卵細胞に泳ぎ着かなければならないのだ。すぐ近くにいるのに届かない。ほとんどの卵細胞は造卵器の中で、やってくることのない精子をじっと待ち続ける。

植物の中には結婚相手が見つかる確率を高める方法を編み出したものもある。自らが雌雄同体になるのだ。なんとなれば、卵細胞と精子が同一の株で作られれば、受精が起こることはほぼ保証されている。子孫ができるのはよいことだ。だが問題は、それがすべて同系交配だということだ。シッポゴケ属の種には、雌雄同体という生き方を選んだものは一つもなく、どの種も雌雄の別を明確に保っている。

シッポゴケ一族の問題児、フジシッポゴケ

雄と雌の合体の難しさを考えると、雌雄が出会った結果である胞子体がいっぱい生えているシッポゴケのコロニーをよく見かけることに驚く。今、手元にカモジゴケがひとかたまりあるが、胞子体が五〇本はあるだろう。その中に、もしかすると五〇〇〇万個もの胞子があるかもしれないということになる。いったいどうやってこんなことができるのだろう。生殖に成功する秘訣は、そのために非常に有利な性別比、つまり雌の一つひとつにたくさんの雄が群がっていたからだと思うかもしれない。そういう戦略をとるコケもある。が、シッポゴケはそうではない。

ラジオではサテライト・シスターズが、初めてのデートの際に自分が守るルールを比べ合っている。私はカモジゴケのかたまりをバラバラにして、こんなにたくさんの赤ん坊を作った、たくましい雄を探す。最初に引き抜いた株は雌。二つ目も。そして三つ目も。コロニーの株はどれもみな雌なのに、どれもみな受精している。妊娠している女性ばかりで男性が一人もいない？　コケの処女懐胎は未だ記録されていないけれど、もしかしたら、と思ってしまう。

雌株を顕微鏡の下に置いて、より詳しく観察してみると、思った通りのものが見える——雌の組織と、受精した卵細胞が、次世代の子どもたちで膨らんでいるのだ。茎は長い葉で覆われ、葉は、見まがいようのないシッポゴケ属独特のスタイルで優雅に片側に流れている。私は弧を描く葉の一枚の曲線を、なめらかな細胞や主脈を辿ってみた。と、以前一度だけ見たことのある、髭のようなものが生えているのに気がついた。顕微鏡の倍率を上げると、毛のような葉の小さな房であることがわかった。木の枝からシダのかたまりが生えるように、巨大なカモジゴケの葉から小さな小さな植物体が生えているのだ。さらに倍率を上げると、ソーセージのような形をした袋が見えた。間違いない。精子で膨れあがっ

シッポゴケ一族で最も子だくさんのナミシッポゴケ

た造精器だ。居所がわからなかった父親はこんなところにいた。未来の花嫁の葉の間に隠れる羽目になった極小の雄が。彼らは、人目を忍んで懇《ねんご》ろになるというたった一つの目的のために女性の領地に入り込み、虚弱な精子が卵子までの道程を泳ぐのが楽なように、雌にこれほど接近したのである。

数、大きさ、エネルギーなど、シッポゴケはあらゆる意味で雌が優位に立つ。雄の存在そのものさえ、雌次第なのである。受精した雌株は胞子を作るが、その胞子には性別がない。一つひとつの胞子は、それがどこに接地するかによって、雄にも雌にもなる可能性がある。コケの生えていない岩や倒れた木に飛んでいった胞子は、発芽して、新しい、普通サイズの雌株になる。だが、もしその胞子が同種のシッポゴケが生えているところに落ちたとしたら、そこにある雌株の葉の間を抜けて落ちていき、閉じ込められて、雌株がその運命を決めることになる。雌が分泌するホルモンによって、雌雄の決まっていない胞子が小さな雄株となり、配偶者として囚われの身となって、女系家族の次世代の父親となるのだ。

サテライト・シスターズが、両親共働きが家庭に与える影響について誰かにインタビューしている。番組に電話をかけて、シッポゴケの家庭環境について彼女たちがどう思うか訊いてみたい気がする。極端に小さい雄、矮雄《わいゆう》について、五人姉妹には五人それぞれの見方があるだろう。女性による虐待の明らかな事例か、強い女性を前にした男性性の放棄か、それとも立場の逆転は公平なことだと思うだろうか……いや、好意的に解釈すれば、彼らは一九九〇年代に登場した繊細なタイプの男性で、女性に干渉すまいとしているのかもしれない。それでも彼らはまだ、重要なのはサイズだ、と思うだろうか。

今、この国では、男性も女性も、種の存続における自分たちの役割とは無関係なところで恋愛関係になるという贅沢が許される。もう人間は十分すぎるほどいるのだ。パワーのバランスや家庭内の調和にどうやって折り合いをつけても、人口の増減に影響はないだろう。

だが、シッポゴケの進化という視点から見ると、性の非対称性には大きな意味がある。矮雄は、雌が受精するための効果的な手段なのだ。雌雄ともに、種全体がこの方法から恩恵を受ける。雄が普通サイズだと、遺伝子の継承という意味ではむしろ邪魔になる。その葉や枝が、精子と卵細胞間の距離を大きくすることになるからだ。矮雄のほうが、普通サイズの雄よりもずっと多くの子孫を作れるのだ。精子を届けたら、邪魔にならないように実を縮めることで、次世代への貢献は最大になるのである。

姉妹種が分化するのを駆り立てるのとまったく同じ衝動が、シッポゴケの雄と雌に、はっきりとした違いを生み出す。家族内に競争があれば、それぞれのメンバーが成功する可能性が低くなる。だから進化は、競争を避け、特殊化することを好む。そうやって種の生存率を高めるのだ。大きな雌と小さな雄は互いに競争できない。雄が小さいのは精子をより巧く届けるためだし、雌が大きいのは、その結果としてできた、種の未来である子孫、胞子体に栄養を与えるためだ。相棒との競争がないので、雌は住みやすい場所を、光や水、空間や栄養を、すべて子孫のために独り占めにできるのだ。

サテライト・シスターズの一時間番組の締めはレモン・ムースの作り方。美味しそうだ。雨も止み、コケの分類も終わったので、私はご満悦でラジオを切る。家に戻って、私の普通サイズの夫が愛情込めて作ってくれたお昼を食べる時間だ。

惹かれ合うコケと水

雨を夢見るコケ

ニューヨーク州の北部、私の家がある丘の上の、葉の落ちたカエデの灰色の枝は、まるで冬空を背景に、削ったばかりの鉛筆で描いたみたいに見える。でもウィラメット・ヴァレーのオレゴンオークを描いたのは太い緑色のクレヨンだ。冬の間降り続ける雨によって、木の葉が眠っている間も、幹には緑色のコケが青々と繁っている。このコケのスポンジから木の根元へ、絶え間なく水が滴り落ちて、その下の地面を水で満たし、やがて来る夏のため、土壌にたっぷり水を溜め込むのだ。

八月になる頃には、冬の間の雨はすっかり使い果たされ、土は再び渇いている。オレゴンオークの葉は熱気にうなだれ、蝉の声が天気予報を告げる——雨なしの六五日目。野草は日照りを避けて地下に潜ってしまい、後にはからからに乾いた茶色い草の景色が残される。コケのじゅうたんは今ではオレゴンオークの樹皮の上で乾ききり、そのしなびて痩せた残骸にかつての面影はない。乾ききった夏の間、オークの林は静まりかえって待っている。乾いた眠りの中で、すべての成長と活動は停止状態にある。

リンデンの飛行機は到着が遅れているので、私はのんびりとアエロジャヴァ・コーヒーのスタンドまで歩き、列に並んで時間をつぶす。カウンターの上には、一〇セント硬貨や一セント硬貨で半分ほど埋まったガラス瓶が置いてあり、手書きでこう書いた紙が貼ってある――「変化（チェンジ）が怖いのなら、ここに置いてお行きなさい［訳注：英語では変化と釣り銭はどちらもチェンジという］」。なぜか私の眼には一瞬涙が込み上げ、ポケットを空っぽにしたい、私に起きたたくさんの変化を捨て去りたい、私の娘を連れ戻したい、と願う――小さな娘、椅子の上に立ち、私のエプロンを三回もぐるぐる巻きにして、バレンタインのクッキーの型抜きをし、台所中にピンク色のフロスティングを撒き散らしている私の娘を。

コケは待ち始める。露が戻ってくるまではほんの数日かもしれないし、何カ月も乾燥したままで辛抱しなければならないかもしれない。受け入れるしかない。変化の痛みから自由になるために、コケは完全に、雨のしたいようにさせるのだ。

私はずいぶん多くの日々を、息をひそめて状況が変わるのを待ち、雨の匂いに神経を研ぎ澄ませながら、待つことに費やしてきた。大きくなってスクールバスに乗せてもらえるまで、気の遠くなるような長い時間待っていたのを覚えているし、やがてそのバスを今度は、身を切るような寒さに足で地面を踏みならしながら待つようになった。夢見心地のまあるいお腹で九カ月間、赤ん坊の到着を待っていたかと思うと、あっという間に、その娘たちの高校のバスケットの試合が終わるのを、体育館の外で、ハンドルを指でトントン叩きながらイライラと待つようになった。そして今私は、大学から帰ってくるリンデンの飛行機が着陸するのを待つ。リンデンと腕を組めるのを待っている。そして私たちは一緒に、祖父の病室で待つ。

なんと芸術的な待ち方を、コケはしてみせることだろう、夏のオークの幹で、パサパサに乾ききりながら。まるで白昼夢の中で時間が止まったように、コケは自分の内側に向かって身を縮める。そして、もしもコケが夢を見るならば、雨を夢見ていることだろう。

光合成という魔法が起きるためには、コケは水分の中に浸っていなければならない。コケの葉を覆う薄い水の膜を通って二酸化炭素は溶解し、葉に吸収されて、光と空気から糖分への変容が始まるのだ。水分がなければ、乾いたコケは成長することができない。根を持たないコケは水分を土壌から補給することができず、生き残れるかどうかはもっぱら雨が降るかどうかにかかっている。だからコケは、滝の飛沫がかかるところや泉の湧き出る断崖など、常に湿っている場所に一番たくさん生えるのだ。

けれどもコケは、日中は太陽が照りつける岩の上や乾いた砂丘、ときには砂漠にさえ生える。木の幹は、夏には砂漠に、春には川になる。だからそこでは、この両極端に耐えられる植物しか生きられない。オレゴンオークの樹皮は、一年中、デンドロアルシア・アビエティナム（*Dendroalsia abietinum*）にもしゃもしゃと覆われている。デンドロアルシアという名前はラテン語の学名だが、翻訳すると「木の友」というような意味になる。他のコケと同様に、美しいデンドロアルシアは、変水性と呼ばれる進化的適応で、水分量の差の大きさに耐える。その存続は、水分の増減と密接に関係している。変水植物

胞子体のある、水分を水分を含んだ状態のデンドロアルシア

「木の友」という意味の名を持つ、美しいデンドロアルシア

は、体内の水分が周囲の水分量にともなって変化する、素晴らしい植物だ。水分がたっぷりあるときは、コケは水を吸収してどんどん大きくなる。だが空気が乾くと、コケも一緒に乾燥し、やがて完全に乾いてしまう。

　水分含有量がある程度一定に保たれている必要がある高等植物なら、これほど劇的な乾燥は命取りになる。高等植物は、根や維管束系、それに発達した水分保持のメカニズムによって、乾燥を防ぎ、生命活動を維持する。水分が失われるのを防ぐために、高等植物はその営みの大部分を充てる。だが深刻な水分不足には、そうしたメカニズムさえ不十分であり、植物はしおれて枯れてしまうのだ——休暇で留守にしたときに、窓辺に置いた私のハーブが枯れてしまったように。でも、コケのほとんどは、乾燥して枯れることはない。コケにとって、乾燥というのは生命の一時的な中断にすぎないのだ。

コケは水分の九八パーセントを失っても枯れず、再び水分が補給されれば元の状態に戻る。かび臭い標本キャビネットの中で四〇年間にわたって脱水状態にあったコケさえ、ペトリ皿で水に浸すと完全に生き返るのだ。コケと変化の間には誓約が交わされている――コケの運命はきまぐれな雨に握られているからだ。コケは、しぼんで縮こまりながら、慎重に再生のための準備をしている。そんなコケは私に、信じることを教えてくれる。

帰省が嬉しくて仕方ないリンデンが飛行機を降りてくる。少女らしい笑顔で、でも大人の女性の目で私の表情に不安を探す。私は彼女を安心させるように微笑みを返し、しっかりと抱きしめる。並んで歩きながら、私にはすぐにわかる、彼女がその日々を、待つことに費やして無駄にしてはこなかったことを。彼女は成長している。今では私にはわかる。どんなことがあっても、私としっかり腕を組んでいるこの輝くように美しい若い女性と、私の腕の中で眠っていた幼子とを交換したいなどと、私は思わない。

水との親和性が高いデザイン

変水性というメカニズムのおかげで、高等植物には耐えられない、水分の不足した環境でもコケは生き続けることができる。だがこの忍耐力が払う犠牲は大きい。コケは乾燥すると光合成ができないので、コケの成長は、濡れていて、しかも光が当たっている短いチャンスに限られる。進化の過程は、成長の機会をできるだけ長くすることができたコケの種類を優先させてきた。そういうコケは、貴重な水分を保持するための、優雅でシンプルな手段を持っている。けれども避けられない乾期が訪れれば、彼らはそれを完全に受け入れる。雨が再び戻ってくるまで待つ間、乾燥に耐えられる見事な仕組みを持っているのだ。

大気は水分を独り占めしたがる。雲は気前よく雨を降らすが、空は再び、蒸発という形で情け容赦なく雨を呼び戻す。コケに打つ手がないわけではない。コケはコケなりの方法で、太陽の強い引力に対抗するのだ。やきもち焼きの恋人のように、コケは水をよりしっかりと自分に引きつけておく方法を持っており、もうほんの少し長くそこに留まるように水を誘う。コケはあらゆる面で、水との親和性が高まるようにデザインされている。コケのかたまりの形に始まり、枝の上の葉の並び方、最小単位の葉っぱ一枚一枚の、顕微鏡サイズの表面にいたるまで、すべては進化の要請によって、水を保持しやすい形にできているのである。コケが単体で生えることはほとんどなく、八月のトウモロコシ畑のようにびっしりと固まって群生する。株や葉が近くにあって絡まり合うことで、小さな穴がたくさん開いた葉っぱのネットワークとなり、スポンジのように水を含む空間を作るのだ。株と株がぎゅうぎゅうに生えていればいるほど、溜めることのできる水の量は多くなる。乾燥に強いコケがびっしり生えているところでは、二・五センチ四方に三〇〇本以上の茎がある場合もある。かたまりから離されてしまえば、単体のコケの株はすぐに乾いてしまう。

——

娘のそばで、私は自分が大きくなるのを感じる。娘の話に私は笑い、私もそれと関係する自分の話を思い出す。車の中で自分のお気に入りの局を探してラジオをいじっている娘の隣で、私はなぜか自分自身を取り戻し、理解する。娘の不在がもたらす痛みは、単に彼女がいなくなることについてだけではなく、すべてを——祖父を、私の両親を、そして私自身を——失うことの痛みなのだと。デンドロアルシアがあれほど潔く受け入れる喪失を、私たちはなんと恐れ、抗うことだろう。避けようのないものを必死に避けようとして、私たちは無駄な抵抗に身をすり減らす。まるで、瑞々しい頬が乾いていくのを避けることが可能ででもあるかのように。

水は、コケのかたまりの中にある小さな空間に強く惹きつけられる。水には粘着力があって、水の分子は簡単に葉の表面に付着する。水の分子の片方の極は正電荷を帯び、逆側は負の電荷を帯びている。そのため、正負にかかわらず電荷を帯びた表面なら何にでも付着するのだが、コケの細胞壁は両方の電荷を帯びているのである。双極性であることはまた、水に凝縮性を与える。水分子の正電荷の側が、隣の分子の負電荷の側と頭尾結合して、水と水がくっつくのだ。こうした強力な粘着力と凝縮性があるから、水は二つの植物の表面に透明の橋をかけることができる。この橋の抗張力は、ごく小さな距離に橋渡しをするには十分だが、その幅が広すぎれば崩れてしまう。コケの繊細な葉とそのサイズの小ささが、水の毛細管力によっ

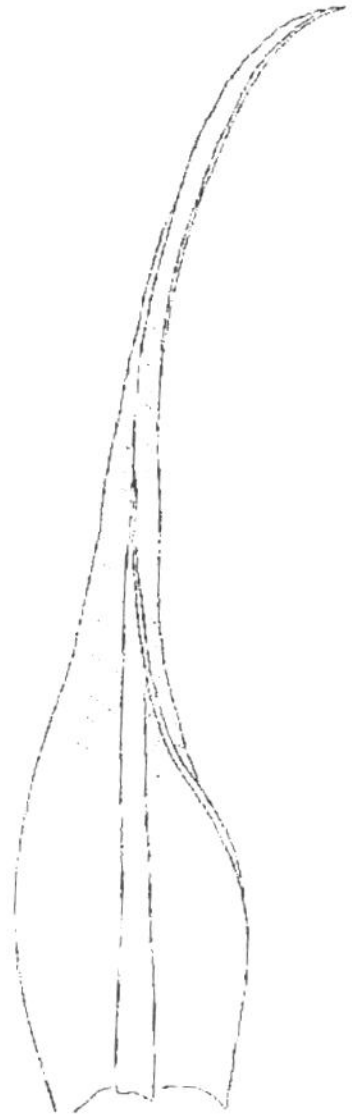

先端がチューブ状になったコケの葉。水をためやすい

て橋が架かるのにちょうどいい大きさの空間を作る。コケの茎、枝、葉は、水の滞留時間を長くして、毛細管現象によって蒸発の力に抵抗できるように並んでいる。そういうふうに都合のよい構造を持たなかったコケは、あまりにも乾燥が早く、自然淘汰によって排除された。

雨の滴が、幅広くて凹凸のないオークの葉に落ちるのを見てみるといい。滴は一瞬まあるくなって水晶球のように空を映したかと思うと、転がって地面に落ちる。ほとんどの木の葉は水を落とすようにできていて、水を吸収する役目は根に委ねている。木の葉は薄い蠟状物質に覆われていて、水の吸収や蒸発を防ぐ壁になっている。だがコケの葉はまったく壁を持たず、厚さが細胞一個分しかない。すべての葉のすべての細胞が空気にしっかり触れているから、雨粒は速やかに細胞に吸収されるのだ。

病院に向かいながら、私たちはとめどなくおしゃべりをする。曾おじいちゃんのことも時折話すが、話題は主に、大学一年生という、娘がその真っ最中にいる、素晴らしい時間のことだ。授業のことや、私が会ったことのない人たちのこと、そしてバックパック旅行に行ったときのことを娘は話してくれる。未知の土地を勇敢に探検するのがこれほど楽しいとは、彼女も想像していなかったこと。話を聞きながら私は、世界に向かって心を開いている娘をちょっと羨ましく思っていることに気づく。彼女にとって変化とは、望ましいことが起きる可能性を想像させるものであって、迫り来る喪失の原因ではないのだ。喪失を堰き止める壁を築こうとすれば、その壁はまた私を孤立させ、世界から切り離してしまうということはわかっている。

磁石のようにひかれ合うコケと水

木の葉は、できるだけたくさん光を受け取るため、一様に平らで、影ができないよう間隔が空いている。だがコケにとっては、光は水ほど重要ではない。だから、コケの葉は木の葉とはまったく異なった特質を持っている。葉の一枚一枚が、水を溜めやすい形をしているのだ。根がなく、体内にいかなる輸送系も持たないコケは、水を移動させるにはもっぱらその表面の形が頼りだ。ある種のコケは、茎をびっしりと覆う粗毛《そもう》の毛布のような、パラフィリアと呼ばれる極細の繊維状のものによる吸い上げ作用が水の流れを加速させる。別のコケは、葉の形と位置が水を集め、保持する——凹面になった葉がボウルのように雨の滴を溜めるのだ。葉の先が長く伸び、先端がくるりと小さなチューブになっていて、そこに水が溜まり、水滴を葉の表面に誘導するコケもある。葉と葉の間隔は狭く、重なり合ってたくさんの小さなくぼみをつくり、それが繋がって水路となって水が流れる。

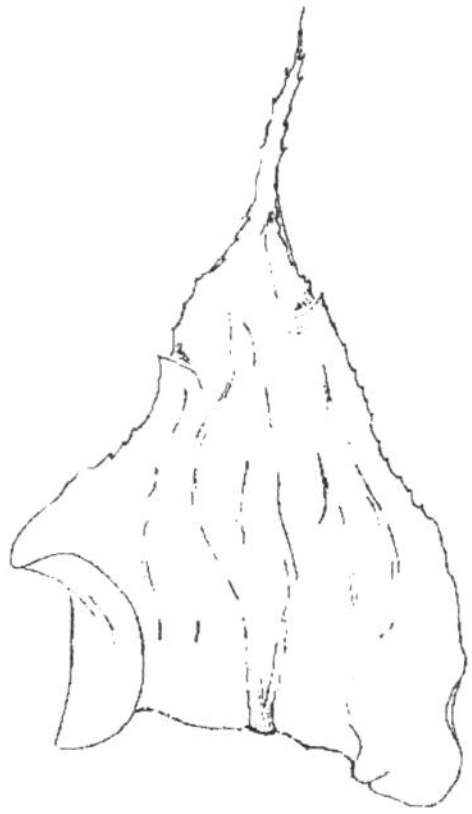
葉の表面の蛇腹折りの襞も水を溜めやすくするため

顕微鏡でしか見えないほど小さい葉の表面さえも、薄い水の膜を引き寄せ、保持するような形をしている。極小の蛇腹折りのような襞があってその隙間に水が溜まり、表面の起伏が、なだらかな丘と水の流れる谷の微地形［訳注：肉眼では確認できるが、地形図上では判別しにくい非常に小規模な地形］を形作っているものもある。乾燥した土地のコケは、葉の細胞に乳頭突起と呼ばれる小さな突起がちりばめられていて、指先でそっと挟んで葉を撫でれば、表面がざらざらしているのがわかる。突起と突起の間は水の膜が覆っていて、乳頭突起は湖から小さな丘が頭を出しているように見えるのだが、この水の膜があるおかげで、太陽が照りつけているときでも、コケの葉が水を保持し光合成する時間が少しは長くなる。

私の仕事部屋の棚の最上段には、いろいろな研究プロジェクトの参考資料として保管してある、乾燥したコケの箱が山積みになっている。どれか一つ取り出すたび、識別に必要な細部の特徴を見るために、それを濡らさなくてはならない。ペトリ皿に数分間浸せば済むことなのだろうが、私はいまだに、一滴ずつ水を垂らし、コケの株が生き返るのを顕微鏡で眺める、という儀式を楽しむ。コケと水の見事な結婚に対する、私なりのささやかな敬意のつもりなのだ。コケと水は、互いに磁石のように惹かれ合うように見える。乾いた茎の先端に水を一滴落とすと、水はまるで峡谷を鉄砲水が流れ下るようにコケの葉の間を流れていく。乾いてねじ曲がった葉は張りを取り戻し、水滴はあらゆる通り道を通って隅から隅まで染みわたり、凸状の葉の下で膨らんで葉を外向きにしならせる。すべてが光と動きに包まれている。

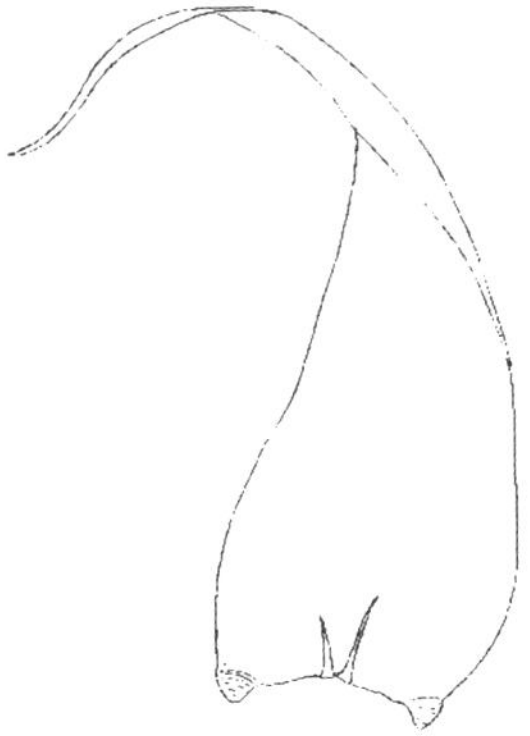

葉のつけ根にある翼細胞

葉が茎に接触している部分には、翼細胞という一群の特殊な細胞がある。葉の角にあり、裸眼では光沢のある三日月型に見える。顕微鏡で見ると、翼細胞は通常の葉の細胞よりずっと大きくて、細胞壁が薄いことが多い。翼細胞の中の大きくて空っぽの空間は水をどんどん吸い込んで、透明の水風船のように膨らむ。翼細胞が膨らむと、葉は外側に、茎から離れるようにたわんで、より光を捕らえやすい位置に動く。神経も筋肉もないのに、コケは成長を可能にしてくれる水の存在を察知し、光合成に最適な面ができるように葉の向きを調整するのだ。葉の基部が水でいっぱいになって溢れると、溢れた水は下の葉に流れ、重なり合った葉の一枚一枚の下に、互いに繋がった一連の水溜まりができる。ほんの数分でコケの株は飽和状態になり、水の動きが止まって、コケはふっくら、つやつやになる。それで終了だ。水はコケによってその形を変え、コケは水によって形を与えられた。

コケと水の相互依存性。愛するというのもそういうことではないだろうか、そうやって愛が私たちを変化に駆り立てるのでは？　私たちは、愛との親和性によって形作られ、愛の存在が私たちを大きくし、その不在が私たちを縮こまらせる。

あらゆる種類の植物や動物は、心臓や血管、汗腺や腎臓などを使った、水分バランス保持のための高度に発達した方法を持っている。これらの臓器では、水分の調整のために多大なエネルギーが費やされる。だがコケは、ただ単に、水が表面に引きつけられる性質を利用して水の動きを操作する。コケは、水の粘着力と凝集性を利用するのに有利な形をしており、水からのエネルギーを浪費することなしに、その表面で水を自在に動かすことができる。この優雅な方法はミニマリズムの手本と言える。自然界の基本にある力を克服しようとするのではなくて、その助けを借りるのだ。

それを目にする機会があったなら、祖父はコケの優雅な仕組みが気に入ったことだろう。祖父は大工だった。祖父の作業場には、精密旋盤だの、ハンドドリルだの、年代物のかんなだの、彫刻刀だの、それぞれの目的を持った道具が溢れかえっていた。祖父は何一つ無駄にしなかった。ベビーフードの瓶には丁寧に分類したねじや釘が入っていたし、クルミ材の板や、廃品を回収したオーク材の階段の親柱は、祖母の台所で使うボウルに変貌するのを待っていた。祖父のデザインは、木材の持つ潜在的な可能性と使用の用途がぴたりとマッチする、すっきりとシンプルなものだった。

何度でも蘇るコケ

水分保持のための素晴らしい作戦はこんなにいろいろあるものの、それらは蒸発を一時的に中断させるにすぎない。闘いはいつも太陽が勝利を収め、コケは乾燥し始める。水分が大気中に呼び戻されるにつれて、コケの形には大きな変化が起きる。いくつかの種は、葉をたたんだり、内側に丸め込む。こうすると、空気に触れる葉の表面積が小さくなるので、コケは表面に残った水分に最後までしがみつくことができるのだ。乾燥すると、ほとんどのコケがその形や色を変えるので、種類の識別の難しさが倍増する。葉がしわくちゃになるものもあれば、乾いた風から身を守る外套のように、葉が茎に螺旋状に巻きつくものもある。デンドロアルシアの羽は、色が濃くなり、内側に丸まって、ミイラになった猿の尻尾のようだ。パリパリと乾き、ねじ曲がって、やわらかだったコケの葉は、もろくて黒っぽい色に変わる。

その命を維持している機械のあれこれに囲まれた祖父は、病院のベッドには背が高すぎるように見える。硬質な表面と鋭角を描くライン、それに自信ありげな電子機器の音で構成されたこの空間では、祖父のやわらかさは異質な存在に思える。点滴のチューブが腕に差し込まれて、脱水症状になるのを防いでいる。点滴は、祖父の体のうち、水分である八七パーセントを保持するように調整されているが、一方で残りの一三パーセントは降伏の行進を始めている。

日照りがみずみずしい葉を縮ませ始めると同時に、コケの細胞では、乾燥に備える生化学的変化が進行している。乾ドックに入る船にそのための準備をするように、最も重要な機能が慎重に停止され、しまい込まれる。細胞膜には、取り返しのつかない損傷を負うことなく、細胞が小さくぺしゃんこになれるような変化が起きる。何より重要なのは、細胞修復のための酵素が合成され、後で使えるように蓄えられることだ。小さくなった細胞膜の内側に蓄えられたこの救命酵素は、雨が戻ってきたときに、細胞を元通りの状態に蘇らせることができる。細胞の中の機械のスイッチが入って、乾燥によるダメージを素早く修復するのだ。濡らしてたったの二〇分で、コケは脱水状態から元気満々の状態になる。

——抵抗のための装置は今やすべて取り払われ、私たちは墓地に集まっている。私と手を繋いだ祖母の顔は、乾いて今にも壊れそうだ。母は私たちを順に見つめ、一つにまとめようとしている。頰を紅潮させた私の娘は、どこに立てばいいかわからないようにそわそわと足を動かしている。女たちの輪の中に、娘は手を繋いで立っている。いつの日か彼女がその手を離さなければならない日が来る。バラの花が娘の手から滑り落ちると、私たちはさっきよりもしっかりと手を繋ぐ。

太陽の引力に逆らって水分を保持し、集団で再び水を迎える。コケは単体ではそれができない。絡まり合った茎や枝が一緒に集まって立ち、水のための場所を作ることが必要なのだ。

厳しい夏の空もやわらかな秋の雲でようやく落ち着いた色になり、乾いたオークの落ち葉を湿った風がかき回す。大気はエネルギーに満ち、コケは落ち着いて、でも油断なく、雨の匂いがしないかと風の味見をしている。日照りの囚われ人であるかのように、彼らの感覚器官は救助者が近づく気配を鋭く捉える。

最初の雨粒が落ち始め、それから夕立がざあざあ降りになると、熱狂的な再会だ。水は、その到着を歓迎するためにわざわざしつらえられた古い通り道を流れ落ちる。小さな葉でできた運河を溢れさせながら、毛のような細長い空間を水は流れ、すべての細胞をたっぷりと水で満たす。ものの一分もしないうちに、待ちくたびれた細胞は膨らみ、ねじ曲がった茎は空に向かって伸び、葉は腕を広げて雨を迎える。雨季がやってくると私は林に走っていく。この変化が始まるときにそこにいたいのだ。私にだって、変化と誓約を結ぶことはできる。成長への期待に抵抗するのを止めて、自分を解き放つと誓うのだ。

雨によって静止状態から解放され、生き返ったデンドロアルシアは、その繊細な枝を一つ、また一つと動かし始め、葉状体が左右対称に重なり合った状態を再現しようとする。丸まっていた枝の一つひとつが広がるごとに、そのやわらかな中心部が姿を見せ、中央脈に沿って、はちきれそうな胞子の萌がずらりと並んでいる。雨を待ち構えていたコケは、湧き上がる霞の上昇気流にその娘たちを放つ。オークは再び豊かな緑に覆われ、コケの息吹で大気は芳醇な香りに満ちる。

スギゴケ　生態遷移におけるコケの役割

「見捨てられた鉱山」のコケ

きつい登りのハイキングの後、ランチを食べ終わって一休みしながら、私は一匹のアリが私のサンドイッチのパン屑から胡麻を一粒、裸の岩肌の上を運んでいるのを眺める。アリは胡麻の粒を岩の割れ目に運ぶ。割れ目には、そこに溜まったほんの少しばかりの土にスギゴケがびっしりと生えている。来年ハイキングに来る人がいても胡麻の芽は出ていないだろうが、岩の割れ目にはすでに、コケの中にあった種子から、小さなトウヒの木の芽が伸びている。アリも、種子も、コケも、みなそれぞれに自分のすることに夢中になっているだけなのだが、知らず知らずのうちに協力し合って、土の上を覆い、この裸の岩の上に森の種を蒔いている。生態遷移というプロセスは、ポジティブ・フィードバックループのようなもので、生命という磁石がさらに生命を引きつけるのだ。

キャット・マウンテンの頂上からは、眼下にファイブ・ポンズ自然保護区域が見える。ミシシッピ川以東では最大の自然保護区域であり、見渡す限り緑の丘が広がっている。日光で暖かくなったこの花崗岩は地球上でも最も古い岩の一つだが、眼下に見える森は比較的新しい。ほんの一〇〇年ほど前なら、アカオノスリたちが上昇温暖気流に乗って飛ぶその下には、黒焦げにされた尾根や、伐採された谷や、ところどころに残された原生林などが見えただろう。アディロンダック一帯は「やり直された野生」と呼ばれている。今では、自然のままのオスウィーガッチー川の曲がりくねった流れに沿って、クマやワシが魚を捕る。伐採の傷跡は生態遷移によって癒され、広がる二次林は途切れることがない。ただし一箇所だけ、傷口が開いたままのところがある。北の方角に、緑が途切れている溝があって、一五キロも離れたところからも見える、木のない荒れ地があるのだ。

このあたりの岩は鉄分が多い。方位磁石がくるくる回り続け、トワイライトゾーンに足を踏み入れたのではないかと思いたくなるような場所もある。砂浜の砂は磁石にくっつく。アディロンダックでは早くから鉄の採掘が行われ、ベンソンマインズでは山が破壊され、粉々にされた。鉄鉱石は世界中に持ち去られ、山はどろどろの選鉱屑《せんこうくず》になってパイプで運ばれ、鉱山廃棄物が一〇メートルも積もった。その後、市況が底割れし、仕事はなくなり、鉱山は閉鎖されて、後には数千坪の砂の荒地が残った。湿った緑のアディロンダックの真ん中で、そこだけがサハラ砂漠のようなのである。

現行の法律では採鉱跡地を復元することが義務づけられているが、ベンソンマインズの鉱山は法の隙間に落ち、放っておかれている。中途半端な植生回復の試みは何度かあったものの、どれも失敗した。アメリカ中西部の草原に多い草が植えられた場所もあったが、そういう草は、肥料や灌漑がなければまもなく枯れてしまう。そして採掘事業が海外に移ったのと同時に、肥料も灌漑も途絶えてしまった。木を植えた人もいる。黄色く、成長不良ではあるが、数本のマツは生き残っている。これらの木が、悔恨から植えられたのか、見せかけの責任感から植えられたのかは知らないが、立ち入りを禁止されたビルに壁画を描くようなもので、無意味なことだ。植物を植えるだけではだめで、それらを維持させるものがなくてはならない。そして選鉱屑は、不毛の砂の下深く埋まってしまった腐植質豊かな土壌とは似ても似つかないのである。ここは現在、正式に「見捨てられた鉱山」と分類されている。公式な用語がこれほど直截的で感情に訴えるものであることはめったにない――この土地はまさに、面倒を見る者が誰もいない土地なのだ。

アディロンダックを車で走ると、光る湖水や深い森を通り過ぎるが、道端にゴミが落ちているのを目にすることはほとんどない。人々はこの自然溢れる土地を愛しているし、ここを健全な状態に保つために気を遣っているのは明らかだ。ところが、国道三号線が採掘跡を通るところになると、ハンノキにビニールの袋が引っかかっていたり、ビールの空き缶が赤錆色の水でいっぱいの溝に浮かんでいたりする。無関心、というのもまたポジティブ・フィードバックだ――ゴミはゴミを呼ぶのである。

古い鉱山に囲まれ、そこだけ緑なのが異様な墓地に車を乗り入れる。採掘会社は、生きている人間同様、死んだ人間にも思いやりを見せなかった。よく手入れされた墓石を過ぎたところで舗装された道は終わり、そこから先は選鉱屑だ。磨かれた御影石でできた碑にかわって、そこには一風変わった手製の記念碑がある。半分地中に埋まって錆びついた製材所ののこ刃。鉄筋を溶接して作った名前の頭文字。昔のテレビのアンテナを曲げて作った十字架。この選鉱屑には、物語が埋まっているのだ。墓地のがらくたの山の中を、採掘抗への道が続いている。まだ杭にかかったままのクリスマスリースや、遺族への哀悼の名残であるピンクのプラスチック製のバラが入った白いプラスチック籠の脇を通って。

浜辺を歩くときのように、ゆるい砂が崩れて後ろ向きにスリップしながら、私は選鉱屑のスロープを登る。靴に砂が入るのはかまわない。この砂は、荒れ地が不快なのと同じように不愉快ではあるが、別に毒があるわけではない。砂は水分を溜めておくことができないので、雨が降ってもすぐに浸透し、砂はまた乾いてしまう。植物がなければ、水分を吸い上げ、養分循環の土台になる有機物が存在しないのだ。木陰がないので、地表の温度は極端に高くなる。私の計測でも摂氏五二度になったことがある。若い苗木を枯らすのに十分すぎる温度だ。選鉱屑のスロープには、使用済みのショットガンの薬莢《やっきょう》と、穴だらけになった空き缶が散らばっている。あちらこちらにおかしなものが立っている――アイスキャンディーの棒と棒の間に布きれを貼った、ミニ・テントのようなものだ。じゅうたんの切れ端が砂の上に置いてあるのは、営業熱心な掃除機のセールスマンがやってみせる奇妙な実演販売のようだ。

前方ではエイミーが、クリップボードを抱え、カールした赤毛を幅広の帽子に押し込んで、選鉱屑に膝をついている。一瞬警戒した様子で顔を上げた彼女だが、それからにっこりする。今日は手伝いがいれば嬉しいだろうし、一人でなくなってほっとしたのがわかる。先週、私たちの研究用の区画に、ひどい脅迫の落書きがしてあったのを見つけたのだ。ゴミはゴミを呼ぶ。少なくとも今日は、近づいてくる足音は私にすぎないことが彼女にはわかるわけだ。

採掘抗跡の生態遷移におけるコケの役割、というのがエイミーの論文のテーマで、彼女はそこら中に実験をセットアップしてある。私たちは一緒に、選鉱屑を横切って調査中の試験区をチェックしに行く。上り坂が平らになったところには、タイヤの跡がある。夜の闇に紛れて、汚物を違法投棄しに来る清掃トラックだ。浄化槽の中身の汚臭があたりに漂っている。トイレに流した人はそれで「始末」が終わったと思ったものが、干上がった下水スラッジの溜まりの中に再び姿を現している。その水分と栄養分は、それを保持できる土壌があれば少しは役に立ったかもしれない。だがそれはたちまちのうちに流れてなくなってしまい、後には煙草の吸い殻やピンク色をしたタンポンのアプリケーターが混じった、灰色の硬くなった地表が残る。ゴミはゴミを引き寄せるのだ。

小山になった選鉱屑の反対側には、家庭排水にも他所から来た草にも世話にならずに、土地が自らを癒しているところがある。そこには、色鮮やかなヤナギタンポポやクローバーが群生し、ところどころにはマツヨイグサが選鉱屑に根を生やしている。他の状況ならこれらは雑草と呼ばれるだろうが、ここでは歓迎すべき存在だ。特に、この辺ではここにしか花がないかのように群がってくる蝶たちにとってはーーそして実際、これがこのあたり唯一の花なのだ。

スギゴケのじゅうたん

このスロープは、スギゴケ属のコケにその大部分が覆われている。キャット・マウンテンの頂上で見たのと同じ種だ。他の種なら一日で枯れてしまうであろうこの場所に耐えられる逞しさに私は敬服する。前年の調査期間中にエイミーは、何も生えていない選鉱屑に野草が生えていることはほとんどなく、野草はいつも必ずスギゴケの敷物の上に生えているということを発見した。この年の夏、私たちはその仕組みを解明しようとしていた。野草が作る小さな日陰を見つけてコケが生えるのか、それとも、野草の種が発芽する安全な場所をコケが作り出しているのか。生態遷移を進行させるために、この二つはどんなふうに関係し合っているのだろうか。さっきスロープを登りながら見えた小さなテントがかたまって立っているところに、エイミーが私を呼ぶ。コケの成長が日陰によって早まるか、それとも遅くなるかを調べるために彼女が立てたテントなのだ。コケと野草の関係性について、日陰から何かわかることがあるかもしれない。私たちは膝をついて、覆いの下を覗き込む。スロープに生えているコケのほとんどは黒くてパリパリしているが、覆いの下にあるコケはやわらかくて緑色をしている。乾いたコケの上を歩くとコケが割れて、クラッカーを踏みしだいていているような音がする。

私はテントの下からスギゴケの一株を摘んで、拡大鏡で見てみる。葉は細く、とんがっていて、コケ全体を小さな松の木のように見せている。一枚一枚の葉の中央に、明るい緑色の細胞、ラメラが波形に並んでいる。コケが濡れているときにはラメラはまるでソーラーパネルのように太陽に露出する。他のコケと同様、光合成できるのは、葉に水分があり、光が当たっているときだけだ。そうでないとき――それがほとんどなわけだが――には、成長は休止し、コケはただじっと待つ。選鉱屑のこのわずかな一画をコケが覆うのに四〇年かかったというのも無理はない。

コケの生えたスロープは、私たちが一日仕事をしている間、その色を変化させる。朝の光の中では、それは青緑色をしている。前の晩に降りた露が堅い葉の先端に迎えられ、そこから葉の根元に流れ込んだのだ。葉は潤って開き、冷たい朝の太陽の光の恩恵を受け取る。だがスギゴケが乾き始めると、葉はラメラが乾燥するのを防ぐために内側に折りたたまれ、次に条件が整うまで成長はストップする。お昼になる頃には、葉はすべて折りたたみ傘のように内側にたたまれて、緑の色は見えなくなる。根元にある枯れた葉が見えるだけで、スロープ全体は黒く、表面が硬くなる。葉がみなたたまれると、選鉱屑の表面が露出する。ただそれは、目を近づけないと見えない。膝をつくと、選鉱屑はほとんど触《さわ》れないくらい熱くなっている。縮こまったコケの茎と茎の間の地表には、点々と黒っぽい緑色のものが見える。微生物のかたまりは、絡まり合った土壌藻の糸状体、バクテリア、菌糸体などからできていて、コケの作る日陰を利用しているのだ。藻には窒素を固定する力があり、少しずつ、選鉱屑に栄養を与えている。

私たちは、昼下がり、灼けるように暑くなる前に仕事を終えようとする。日陰に退散して、スターレイクのカフェでアイスティーを飲むことが私たちにはできるが、スギゴケは一日中、暑さの中、選鉱屑の上から動けない。その驚くべきストレス耐性のおかげで、こんな厳しい場所でも生き残れるのである。スギゴケは完全に水がなくなっても耐えられるが、芝や野草にはそれはできない。スギゴケが必要とするミネラルは雨水だけで足りる。一方、高等植物はそれを、根を通して土壌から吸収せねばならず、根が乾けば死んでしまうのだ。

スギゴケのじゅうたんには、ところどころに小さな溝や吹きさらしの裸の部分がある。コケが生えていないところは、選鉱屑が浸食されやすい。むき出しになった選鉱屑を一つかみすくい上げると、砂は指の間から水のように滑り落ち、地面に落ちる砂を風が撒き散らす。だがコケの下の選鉱屑は、コケの仮根に繋ぎ止められて、しっかりとくっつき合っている。私のスイスアーミーナイフの刃をコケの芝生に突き刺して、てっぺんにコケの蓋のある砂を十数センチ、きっちりした柱状に切り取ることができるのだ。コケの下の砂は黒っぽい色をしている。このわずかばかり溜まった有機物が水の通過を遅くし、土壌養分の層を微妙に増加させるのかもしれない。髪の毛のようなスギゴケの仮根が、選鉱屑を結合さい、と私たちは考えていて、それを検証するため、エイミーが賢い実験を仕掛けた。

風に乗って飛んでいく砂粒ほどの小さな種子の行方を追跡するのは、至難の業だ。そこでエイミーは、ビーズの店に行き、できるだけ派手な色のプラスチック製ビーズを買った。私たちの分野の科学には、ときとしてハイテク機器よりも、創造性が必要なのだ。エイミーは、剝き出しの選鉱屑、草木の日陰、コケのじゅうたんの上、と、鉱山跡の異なった種類の表面に、ビーズを格子状に並べた。彼女は毎日ここへ通ってビーズの数を数えた。二日後、裸の選鉱屑の上のビーズはすべてなくなっていた。風に飛ばされ、移ろう砂に埋もれてしまったのだ。野草の根元のビーズはいくつか残ったが、最高記録はスギゴケだった。ビーズは茎と茎の間にしっかり挟まって、風から守られたのだ。コケは、単に発芽に安全な場所を提供することによって、生態遷移を促進するのかもしれない。数日後、自然発生した実験の結果がエイミーの実験結果を裏付けた。鉱山跡の縁に生えているアスペンから放出されて、裸の選鉱屑の上を飛んでいった綿のようなフワフワした種が、コケのじゅうたんに引っかかったのだ——まるでベルベットのソファの上の猫の毛のように。

だが、プラスチックのビーズは種子ではないし、種が引っかかったからと言って、それが発芽して植物として生長するかどうかはわからない。コケの芝生が種の発芽を助ける可能性と邪魔する可能性は五分五分だ。なぜなら両者は、水や空間、それにわずかばかりの養分を奪い合うのだから。コケの芝が種子を土壌のはるか上方に持ち上げたまま、種子が発芽できないようにしたり、小さな根が土に届こうとするのを遮ってしまうかもしれない。だから、私たちの研究の次のステップは、本物の種子を蒔くことだった。辛抱強さと鉗子で武装したエイミーは、何百という種子の運命を追った。発芽した種子の一つひとつに印をつけ、何週間にもわたってその成長を記録したのだ。その実験すべてにおいて、どんな植物であろうと、種子はコケと共存しているときに最もよく成長し、生き残る、というのがエイミーの得た結果だった。スギゴケは苗が育つのを助けるようだった。命は命を呼ぶのである。

本当にそうだろうか。科学者が持つべき適切な懐疑主義を発揮して、私たちは、種子はただ単に、種子を守ってくれる底質を必要としているだけではないのだろうか、と考えた。コケという生きたものである必要はないのでは？　スギゴケは単に、種子が身を寄せる場所にすぎないのかもしれない。種子の発芽が、単に守られているせいなのか、それともコケそのものに起因しているのか、どうやったらわかるだろう。コケと、同じような構造を持つ代替品を、種子は区別できるだろうか。私たちは、コケに似ているけれども無機質の、実験用の底質をどうやって作ろうかと思案した。

私たちの実験に手掛かりを与えてくれたのは言葉だった。人はよく、コケの「じゅうたん」という言い方をする。それは実際に、とても適切な比喩だ。そこで私たちはじゅうたんの店に向かった。私たちは、ループカーペットや毛足の長いシャグカーペットに触れて、一番コケらしい手触りのものを探した。上向きの糸がびっしりと詰まったじゅうたんは、コケのコロニーの構造と見事にそっくりなのだ。商品の陳列棚の間を笑いながら歩いて私たちは、じゅうたんのデザインの名前を、それぞれ似ているコケの名前に改名し始めた。「アーバン・ソフィスティケーション」という名のじゅうたんはヤノウエノアカゴケに。「カントリー・ツイード」はどう見てもハネヒツジゴケの合成繊維版だ。私たちは、スギゴケの群生に一番よく似ている「ディープ・エレガンス」というシャグを選んだ。ウール製なので、種子を守ると同時に水分の保持もできる。他に、屋外用のカーペットで、撥水加工をしたけばけばしい緑色の合成樹脂繊維でできた人工芝の端切れも買った。そのどれもが、製品の品質保証書は夢にも想定しないような、手荒い扱いを受けるのだ。私たちはじゅうたんを水に浸けて化学薬品を落とし、水分が浸透できるようにたくさんの穴を開けた。

正方形のじゅうたんを、私たちは選鉱屑の斜面に小さな杭で留めつけた。エイミーは各じゅうたんの上にさまざまな種子を蒔き、同時に選鉱屑の上と、生きたスギゴケのじゅうたんの上にも蒔いた。水分と安全な住まいを提供するシャグ、住まいは提供するけれど水分はない人工芝、本物のコケ、それに裸の選鉱屑。こういう選択肢を与えられたら、種子はどうするのだろう。

数週間後、鉱山跡の頭壁にこだまする雷雨で夏の暑さが小休止した。ざるの目の間を落ちるように水が砂の間を流れると、砂漠のような選鉱屑は束の間冷却された。何にも守られていない種子は剝き出しの溝に流された。スギゴケはその葉を広げ、溌剌《はつらつ》とした緑色を見せるようになった。人工芝は選鉱屑の上に冷たく横たわり、シャグはぐっしょり濡れて泥だらけになった。生きたコケのじゅうたんの上では、土壌が負った傷を包み込むための次のステップである若い苗の一群が芽生えた。生命が生命を呼んでいるのだ。

人間の共同体もこれとさほど違わない。生態遷移と同じく、ある一つの位相がその次の位相へと繋がる。ベンソンマインズの町はかつて、無限とも思われた森の木を切る木こりたちのささやかな集落だった。もしかしたらそこには、最初に生えるひとつかみのコケのような、たった一軒の家があっただけだったかもしれない。それから他の家族が続き、子どもが生まれ、学校ができ、増え続ける住民によって店ができ、鉄道が敷かれ、そして鉱山が生まれた。徐々に発展していく未来について、人は、コケの上に生える苗木ほどの責任もとろうとしないように思える。鉱山会社は、荒れ果てた土地の縁での生活という遺産を残し、死んだ者を選鉱屑に埋めたのだ。

誰もがゴミで埋め尽くしたがったこの荒涼とした土地に、どういうわけか育ち始めたアスペンの林で、エイミーと私は暑い午後の休息をとる。このアスペンの木々が芽吹いたのは、ひとかたまりのコケに捕らえられた種からであったこと、そしてそこから木陰を作る林が育ったのだということが、今では私たちにはわかっている。木々には鳥が集まり、鳥たちが運んできた、ラズベリー、ストロベリー、ブルーベリーといった果樹が私たちを囲むように花咲いている。林の真ん中は木陰でひんやりとし、アスペンの落ち葉が、選鉱屑の上にうっすらと土壌を作り始めている。鉱山の厳しい環境から護られて、近くの森から運ばれてきたカエデの苗も数本、生き存《ながら》えている。落ち葉を掻き分けると、スギゴケの名残が出てきた。最初に土地を癒し始め、他の植物がその後を追うことを可能にした植物だ。森が深くなれば、その役割は終わり、コケはまもなく他の植物に取って代わられる。このひとかたまりの木々は、選鉱屑を開拓したコケが遺した遺産なのだ。

コケとクマムシの森

コケの作り出す小宇宙と熱帯雨林

君が座っているその場所からすぐ手の届くところに、神秘的な、ほとんど知られていない生命体が生きている。極小サイズの壮観さだ。

エドワード・オズボーン・ウィルソン（アメリカの昆虫学者）

メッカがイスラム教徒を招き寄せるように、熱帯雨林は植物学者を惹きつける。私は長年、植物王国の発祥の地、緑に覆われた聖地への旅を夢見ていた。ついに巡礼のときがやってくると、私の頭の中は、想像もつかない奇妙な生き物や植物を目にすることへの激しい期待でいっぱいになった。アマゾンが私を呼び、私はその声にしたがった——飛行機を降りて迎えのジープに乗り、丸木船で濁った川を下り、最後は徒歩で、緑したたる密林へ。

熱帯雨林の中は、圧倒的な複雑さだ。何かに覆われていないところなど一つもない。樹の枝はコケのカーテンに覆われ、その合間あいまに蘭の花が下がっている。樹の幹は藻に包まれ、ところどころに巨大なシダが生え、つる植物が絡まっている。蟻が隊列を作って地を横切り、樹に登っていく。ぴかぴかの甲虫が、森の地面に点々とある小さな陽だまりで光る。森そのものに豊かな質感がある——幹という幹からはあらゆる種類の突起物が浮き上がっているし、葉は棘や襞、芽鱗、ぎざぎざの縁などで飾られている。濃い林冠を通過した太陽の光が細長い筋となって、虹色の蝶の羽を一瞬捉え、それから下層の草木の中に溶けていく。

密林の異国情緒に圧倒されながらも、私は、これはすべてどこかで見たことがある、という感覚にとらわれていた。その光の感じは、奇妙にも、見慣れたものである気がしたのだ——葉が生い茂り、湿っていて、緑で飽和している。周辺視野が捉えるそこら中の影や動きが、何かありそうだ、というお馴染みの感覚を呼び覚まし、私は、下生えをかき分けてぶらぶらと歩きに出かけたいという欲求に駆られた。それは、コケの中の散策を思い起こさせたのだ。

よい実体顕微鏡があれば、コケの中を歩くのは可能だ。実体顕微鏡は、生きているコケの芝の中を、まるでジャングルの中を進んでいるように自在に歩かせてくれる。道を切り開くマチェーテ［訳注：草などをなぎ払うためのなたに似た刃物］や、シュロの葉をかき分ける杖のかわりに、私は小さな針を片手に、茎と茎の間を歩き、枝の下に身をかがめ、葉をひっくり返してはその下に何があるかをチェックして、何時間も夢中でコケを観察したものだ。実体顕微鏡は、コケのかたまりという森の中に分け入る手段をくれるのだ、それも三次元で。倍率を拡大すれば近づいて見ることができるし、一歩下がって全体の景色を眺めることもできる。

コケの作る小宇宙と熱帯雨林の類似点には驚いてしまう。似ているのは見た目だけではない。地面を敷き詰めるコケの背の高さは、熱帯雨林のおよそ三〇〇〇分の一だというのに、それでもそこには熱帯雨林と同じ種類の構造、同じ種類の機能が備わっているのだ。熱帯雨林の動物たちと同様に、コケの森の中に生きる動物たちもまた、複雑な食物網で繋がり合っている。草食動物がおり、肉食動物がいて、捕食動物がいる。生態系における、エネルギーフローと栄養の循環、競争関係、共生関係の法則はここでもあてはまる。こうした法則は、大きさの違いを明らかに超越しているのだ。

北方のおとなしい森に慣れている私は、密林の植物をかき分ける前には必ず行く手をよく見てからにすること、と始終自分に釘を刺さなければならない。不用意に枝をつかめばネッタイオオアリに刺されて二四時間は動けなくなるかもしれない。足元を見ずに倒木をまたげば、フェルドランスという蛇に出くわすかもしれず、嚙まれれば命を落としかねない。ケチュア族のガイドは、森に入るときに安全のために持って行かなくてはいけないものが三つあると教えてくれた――目と、耳と、マチェーテである。植物のほとんどは、びっくりするような武器をその身に備えている。葉には歯のようなぎざぎざがあり、茎は棘で覆われ、樹皮にも棘があるのが普通で、私の手にはたくさんの擦り傷や刺し傷ができ、おかげで森の中を歩くときにはいつも必ず慎重になった。植物とくらべてちっぽけでか弱い私は、コケの間に生息する小さな生き物と自分はどこか似ているような気がした。びっしりと群生したコケの茎の上を、そして、先端が尖り、縁が歯のようにぎざぎざしている葉の上を、くねくねと進んでいく体の軟らかい幼虫の気持ちが、私には想像できるのだ。

エクアドル人の研究仲間が私たちを、環境保護区の中にある林冠観察展望台に案内した。林冠を突き抜けて伸び、空に向かって穴を開けている巨大なパンヤノキのまわりに設置された、細くて曲がりくねった階段を、私たちは一度に一人ずつ登った。林冠の世界は普通、鳥やコウモリでなければアクセスできないが、今では運のよい科学者の数人にもアクセスが可能というわけだ。樹のまわりを螺旋階段で一周するごとに、私たちは森を構成する複雑な階層の中を上昇していった。

熱帯雨林の林冠は、みずみずしい着生植物相の生育を支えている。照りつける太陽のもと、樹の幹や枝で生息して、水分は雨から、養分は空気中から吸収する植物だ。シダや蘭は枝をじゅうたんのように覆い、つる植物は幹に巻きついて、絡まり合ったつるで樹々を結びつける。私の前、わずかに手の届かないところにアナナスが群生していて、蠟を引いたような赤い色の葉が花のように見える。葉は重なり合って、毎日午後二時きっかりに降り出す雨を溜めるくぼみを作っている。ある種の蚊やカエルにさえ、林床よりはるかに高いところにあるアナナスの貯水槽で一生を過ごすものがいる。近くには土壌がないので、コケが樹の枝に沿って作る深いクッションを基盤にしている着生植物がほとんどだ。

コケは他の植物に着生するだけでなく、コケに着生する植物もある。コケのかたまりの内側を見ると、藻がびっしりとコロニーを作っていることがあって、まるでコケに覆われたミニチュア熱帯雨林のように見える。金色の円盤のような単細胞藻（類）はコケの葉の間にあるし、ゼニゴケは、樹の幹につる植物が絡まるように茎に巻きつき、競合関係にあるコケが「締め殺しの木」のように茎を呑み込んでしまうこともある。コケの仮根には、色鮮やかな胞子や花粉粒がくっついていて、パステルカラーの蘭のように見える。コケの森にはアナナスの貯水槽にあたるものすらある。水が溜まったコケの葉のくぼみには、特殊な種類のワムシが生息する。この無脊椎動物は、コケの葉の上の小さな小さな水溜まりでその一生をすごすのだ。

林冠から地表まで、非常にはっきりと縦方向の層化が見られるのが熱帯雨林ならではの特徴だ。動植物は、林冠の表面では非常に強く、森の各層を通過して林床の暗い日陰まで徐々に弱くなる日の光に適応している。林冠の頂上付近はフルーツコウモリが飛び交い、鳥を餌食にするタランチュラは木々の仮根の薄暗がりに身を潜める。コケの森もこれと似た形で層化されている。乾いて広々としたコケの茂みのてっぺんによく見られる虫もいれば、トビムシなど、一番下の湿った仮根の奥深くに隠れ住むものもいるのである。

熱帯雨林を歩いていると、ひっきりなしに、ポタポタという音が聞こえる。雨音ではなく、林冠からさまざまな残骸が落ちてくる音だ。古い葉、虫、枯れた花びらなどが絶えず落下して、土壌に栄養を与え、森のてっぺんにいる栄養分の生産係から一番底辺の分解係へ、栄養分を再循環させるのである。オウムが食べ残した囓りかけの果物が頭上から真っ逆さまに落ちてきてびっくりするということが一度ならずあった。高い林冠から落ちてくる果実や木の実が剝き出しの頭にぶつかればものすごい破壊力だ。ガイドは彼の、卵形の傷を見せてくれた。もしもコケのコロニーの一番低いところを歩けたなら、これと同じように、何層にも重なった葉の間から絶え間なく小さな粒子が降り続けていることだろう。群生したコケに捕らえられた、風で飛んできた表層土、葉の破片、虫の死体、胞子などは、コケの根元に積もって、土壌のなかったところに徐々に土壌を積み上げる。腐敗した有機物には細い繊維状の糸状菌が宿り、それをトビムシがガツガツと貪る。腐敗した残骸が積もったものこそが、根を持つ植物を固定する役割を果たすのだ。熱帯雨林の蘭やシダが、コケむした岩に根付くように。

ベルレーゼ漏斗は、コケのような極小コミュニティの、ほとんど目に見えない動物相を研究するのによく使われる道具だ。土、腐敗している木片、またはひとかたまりのコケを、ふるいを取りつけた大きなアルミニウムの漏斗に入れる。漏斗の上に高輝度の光源を複数配置して数日間置いておく。熱によってゆっくりと、コケまたはその他の、中に入れたものが乾燥し始める。光源から逃げ、残された水分を求めて、無脊椎動物はみな漏斗の先端に向かって下に移動し、ホルムアルデヒドの入った瓶に落ちて死んでしまう。

ベルレーゼ漏斗からの収集の結果は、次のようなものであることが多い。大きさで言えばマフィンくらいの林床から採集された一グラムのコケから、一五万匹の原虫、一三万二〇〇〇匹のクマムシ、三〇〇〇匹のトビムシ、八〇〇匹のワムシ、五〇〇匹の線虫、四〇〇匹のダニ、そして二〇〇匹のハエの幼虫。こうした数字を見れば、ひとつかみのコケに驚異的な数の生命が宿っていることがわかるだろう。

だが肝心なのは数字そのものではない。こういう数字の羅列は、ツアーガイドが口にする、どうでもいい事実を思い起こさせる。ワシントン記念塔のてっぺんまでの階段は何段だとか、これを建てるのに花崗岩のブロックが何個使われたとか。私が本当に知りたいのは、頂上からの眺めであり、これを建てた石工たちがどんな冗談を言い合ったかなのだ。ベルレーゼ漏斗は、生物相の目録作りにはいいかもしれない。でもどちらかと言えば私は、コケの中を歩き、そこに生きる何千という生き物たちを生きたまま眺めたい。瓶の中の彼らの死体を数えるのではなくて。

無脊椎動物がコケの森に惹かれるのは、熱帯雨林があれほど多様な野生生物の住処となっているのと同じ理由からだ。コケの森には快適な微気候があり、安全で、食べ物や養分があり、多様な生息環境を生む複雑な内部構造がある。そして、熱帯雨林と同じく、コケの森は生物の進化の震源地でもある。コケは地上にコロニーを作った最初の植物であり、後に続く生き物のために下地を整えた。昆虫の進化の初期段階は群生したコケの中で起こった、と信じる昆虫学者は多い。コケが提供する湿って安全な環境が、原始的な水中生活ともっと進化した陸生生物の間の、過渡的な環境を作ったのだ。今でも進化した昆虫の多くが、卵や幼虫を育てるためにコケの群生に依存している。ガガンボはコケの生えた崖のあたりを飛び回り、濡れた葉に卵を産み落とそうとする。ガガンボの母親は、子どもが育つ場所選びにはとてもうるさい。尖った葉を持っていたり、びっしりと茎が密集して生えているコケは避ける。這って進む幼虫に都合が悪いからだ。

熱帯雨林の動植物たち

密林の中で私たちは毎朝、林冠の向こうで叫ぶオウムの声で目を覚ました。幼稚園の絵の具箱のように色鮮やかなオウムだ。長い尾羽をなびかせるコンゴウインコは、緑の葉を背景にしてびっくりするほど赤い。コケの森にも、枝を這い回る色彩鮮やかな点が存在する。こちらの赤は、ササラダニの赤だ。丸くてつやつやしたササラダニは、まるで八本足のボウリングのボールが葉の間を走り回っているように見える。私の観察が彼らの邪魔をすると、ササラダニはサッと方向を変える。私は胞子や藻や原虫を食べ漁る彼らを追いかける。ダニの中には他の無脊椎動物を捕食するものもいれば、コケの葉を食べるものもいる。

太陽が赤道の下に沈むと、アマゾンは黄昏という間奏なしに、いきなり夜になる。暗くなると私たちは、竹でできたプラットホームに戻る。ここで野営しているのだ。ここは支柱に支えられた高床式になっていて、私たちは、足をかけるところをくり抜いた丸太を立てかけ、登って中に入る。ロウソクを消して就寝する前に、丸太の階段は引き上げられて、招かれざる客が入ってこられないようにする。熱帯の暑さの中を歩いて疲れ切っているというのになかなか眠れない。音に溢れているのだ――大声でカエルが鳴き、ヒキガエルが歌い、虫がブンブン飛び回る。ヒョウの遠吠えが聞こえた夜もある。

捕食動物はコケの森にも潜んでいる。カニムシは枯れた葉の間に身を隠し、さざ波のように動く足で飛び出していって獲物を刺す。殻が固く光沢のあるオサムシ科の甲虫は、コケの群生の中を巡回し、無脊椎動物を見つけてはその巨大なハサミで捕食する。捕食性の幼虫は枝の間に蛇のように身を伏せている。

熱帯雨林では、捕食行為があまりに激しいために、偽装や擬態のためのさまざまな適応が起きた。枯れた葉にそっくりの蛾、枝のように見える蛇、鳥の糞のふりをした毛虫。そして、コケの森の中にもまた、コケ植物を偽った生き物がいる。ニューギニアにはコケゾウムシというのがいて、背中に小さなコケの庭園を載せている。殻の特殊な空洞でコケが育つのだ。ある種のガガンボの幼虫はコケのような緑色に濃い色の線が入っていて、葉の中に隠れやすい。彼らはコケの群生の中をのろのろと動き、その緩慢な動きは彼らをなおさら見つかりにくくする。密林ではナマケモノが、捕食者を避けるため、これとまったく同じ方法を使う。藻類で覆われ、ものすごくゆっくり動くので、林冠に溶け込んでほとんど見えなくなってしまうのだ。

密集して生えている葉は、姿を見られたくない捕食者やその獲物にとってはありがたい。だが、身を隠す豊かな緑は、性的誇示にはマイナスに作用することもある。密林の生き物は、生殖という務めに依存している。すでに生命が飽和している生息環境の中で、どうにかして適切な生殖の相手を見つけなければならない。この難問を解決するのに、鳥は、派手派手しい羽と、森を貫いて自分が相手を待っていることを知らせる大きな鳴き声を使う。同じように、あらゆる植物が、注目され、受粉媒介者を惹きつけて、隣で咲いている花に花粉を運んでもらうための競争にがんじがらめになっているように見える。多くの植物の未来が、蝶や蜂、コウモリ、そしてハチドリといった受粉媒介者との複雑なやりとりにかかっているのだ。林冠にはハチドリがたくさんいて、その虹色の羽が陽の光に輝く。彼らはトンボのように花から花へとすごい速さで移動し、目にも留まらぬほどだ。あるとき、彼らを近くで観察する絶好の機会があった。宝石のようなハチドリが、一緒に歩いていた友人の赤い野球帽のすぐそばに飛んできたのだ。友人には羽音が聞こえ、羽ばたく羽が送ってくる風が感じられた。私たちはみな無言で彼に動かないでくれと懇願し、ハチドリは、自分の縄張りに突如現れた奇妙なレッド・ソックスの花をお上品につついた。

他花受粉の必要があるのはコケも同じだが、コケには、受精の共謀者として虫を惹きつけるための花もなければ、目を引く道具立ては何もない。精子の移動にはもっぱら水の流れに頼るのだが、精子が数センチ以上移動できることはめったにないから、これは実に非効率的な方法である。だが、コケに棲んでいる無脊椎動物の一群になら、精子をもう少し遠方まで運べる可能性があるらしい。コケの間を這い回るダニ、トビムシ、その他の節足動物は、雄株のそばを通ると、コケの精子を含む粘液まみれになることがある。すると精子は彼らの体にくっついて運ばれ、コケの群生の別の場所で水滴の中に洗い落とされて、待ち構える卵細胞のもとへと泳いでいくことができる。無脊椎動物は、気づかないうちにコケの森の存続に欠かせないパートナーの役割を果たしているのだ。偶然に花粉が額にくっついたハチドリのように。

熱帯の花は色鮮やかだが、それは果実も同様だ。林冠で一番多い果実の色は赤だが、これは、種子をばら撒くのに最も重要な役割を果たす鳥や猿たちの目に、赤が一番よく見えるからだ。コケの場合、分散は普通は風の仕事だが、オオツボゴケ属のように、鮮やかな色と強い匂いを持つ胞子体とを発達させてフンバエを惹きつけ、フンバエに胞子を運ばせるものもある。鳥や哺乳類、そしてとりわけ蟻は、タンパク質が豊富な胞子体を食べることも多い。スズメがウマスギゴケの胞子体を手際よく収穫するのを見たこともある——くちばしで上手に蒴を摘み取り、後には胞子が雲のように撒かれるのだ。蟻もコケの分散には貢献しているに違いない。開いた蒴を背中に担いで、自分の巣に戻る道すがら、ずっと胞子を撒き散らすのだから。

開発と人口の増加によって、熱帯雨林の野生動物の数は急激に減少し始めている。だから私たちのガイドは、バクの親子の足跡を泥の中に見つけたときは大喜びだった。その翌日、私たちは夜明けに起き出して、本物に会えることを願いながら川に沿って彼らの足跡を追った。霞がかかった早朝の静けさの中、私たちは耳をそばだてながら、水系森林のヤシの間を縫うようにして進んだ。バクはいなくなってしまっていたが、森の中を静かに歩けば必ず何か面白いことがある。私たちはホエザルの一群の目覚めの声を聞き、頭の上の枝を、樹上の生活に完璧に適応した彼らが動き回るのを眺めた。

コケとクマムシ

顕微鏡サイズの森の中を、枝と枝の間を覗き込み、目に入る動きを追いかけながら密やかに進む私は、クマムシの後を追いかける。コケの一生に一番関係の深い生き物を一つだけ選ばなければいけないとしたら、クマムシ（またの名をウォーターベア）だろう。竹の林に完全に依存しているパンダと同じように、クマムシの一生も、その住処であるコケと切り離すことは不可能だ。葉の中を嗅ぎ回り、太くて短い八本の脚で歩くさまは、小さな小さなホッキョクグマにそっくりだ。脚が短くて頭は丸く、体は半透明で白っぽいクマムシは、黒くて長い爪でコケの茎にしがみつく。クマムシには歯の生えた顎はなく、かわりに吸いつく口を持っている。注射針みたいな口針をコケの細胞に突き刺して、細胞の中身を吸い出すのだ。コケの葉に棲む着生植物である藻やバクテリアを食べるクマムシもいる。中には捕食するものすらある――その針を使って、他の無脊椎動物の細胞の中身を吸い上げるのである。

ウォーターベアという名前が示す通り、クマムシは、群生するコケの隙間に溜まったたっぷりの水分に依存している。彼らはコケとコケの間の細長い空間に水が架けたもろい橋を渡って、株から株へと移動する。私がよくクマムシを探しに行くのは、葉に深いくぼみのあるコケだ。スプーンのような形をした葉の上の小さな水溜まりは、クマの形をしたグミみたいな、ぽっちゃりしたゼラチン質のクマムシには格好のねぐらなのだ。コケのじゅうたんにとってもクマムシにとっても、水分は必要不可欠である。だがコケには維管束がないので、まわりの環境の水分量によって体内の水分量が増えたり減ったりする。水分が蒸発すればコケの葉は縮こまって曲がり、葉はかさかさに乾いてしまう。クマムシもまた、乾燥すると、最高八分の一の大きさにまで縮むことがあり、樽型の、タン（tun）と呼ばれる状態になる。代謝作用はゼロに近くなり、クマムシはこの状態で何年も生存できるのだ。タンは、塵の粒のように乾いた風に飛ばされて、別のコケの群生に舞い降りる。こうやって、その短い脚で移動が可能な距離よりもはるかに遠くまで分散するのである。

乾燥の過程で、コケもクマムシもダメージは受けない。こうやって仮死状態にあれば、彼らは極端な気温の変動やその他の環境の変化によるストレスにも耐えられる。そして露や、お待ちかねの雨が降って新鮮な水が手に入るやいなや、クマムシとコケは水分を吸収して平常のサイズと形に戻る。二〇分ほど経つと、コケとクマムシは、まったく同時に、いつも通りの活動に戻るのだ。

ワムシもまた、乾燥に耐える素晴らしい能力の持ち主だ。水分があるときには、さまざまな水草の間に棲むグッピーのように、コケの中の、水に満たされた空間に棲む。そこでは、口にある「輪」の回転によって起きる水流から、回転する繊毛が食物粒子を取り込む彼らの姿を容易に見ることができる。

コケという小宇宙の中で、進化は、避けようのない水分量の増減に対するための、両者に共通の適応法を編み出した。鳥の進化がその住処となる樹の進化と結びついているように、クマムシやワムシの生き様は、コケによる環境への適応によって形作られてきたのだ。

蘇生、また生命というものの性質そのものを巡って一九世紀に起こった議論において、コケ、クマムシ、ワムシの三者はともに重要な位置を占めていた。この三者の生態は、生と死の境界線を曖昧にするものだったのだ。彼らが乾燥状態にあるとき、生命の兆しはすべて失われる。動きもせず、ガス交換もなく、代謝作用もない。乾眠、あるいは生命の不在と呼ばれる状態に入るのである。ところが、水分が戻ればたちまち生命は蘇る。一見死んだように見えたものが蘇生するさまは、生命がいったん停止し、それから再開したかのように思われた。クマムシがどこまで耐えられるのか、その限界を知ろうと熱心に実験が行われた。実験は、乾燥した状態の彼らを、他の生物なら一つ残らず死んでしまう条件にさらした。茹でたり、絶対温度零度のわずか〇・〇〇八度上の真空中に置いたりしたのである。だが彼らは、こうした虐待にことごとく耐え、一滴の水で生き返った。水を加えることで、生命を構成する要素が解き放たれるのだ。コケやクマムシが日常的に使うそのメカニズムは、今日でもわかっていない部分が大きい。

三五〇年間にわたる活発な議論と実験を経て、大方の見解は、乾眠状態の生物は死んだのではなく、ほとんど認知できない程度の生命活動を続けている、ということで一致している。生命活動を無期限に一時停止しておくことを可能にするこうした極微量の代謝作用を記録するには、きわめて高度な技術が必要である。どうすればこれらの生物が生と死の境界線上で漂っていられるのか、それはいまだに大きな謎なのだが、私たちの足元でコケは絶えずそれを行っている。

熱帯雨林の中心部まで行くために、私は旅客機で赤道を越え、危険を冒してアンデス山脈を横断し、丸木船で三日間川を下らなければならなかった。でも私の家にいれば、そんなに遠くまで行かなくても、見たこともない珍しい生き物でいっぱいの、木陰のある森が見つかる。庭をほんの五分も歩けば、片手にいっぱいのコケが手に入り、五分歩いて顕微鏡に戻れば、私は青々としたコケの森の中にいる。その生物学的豊かさ、私たちの理解を超えて鮮明かつ複雑な、おびただしい生命に対しては、畏敬の念を抱くという以外には言葉が見つからない。葉を一枚めくるたびに、そこには神秘がある。ここ以外には地球上のどこにもない生命の形が、長い年月をかけて進化してきた複雑な生命の関係性がここにはある。だから、うっかり踏まないようにお気をつけなさい。

ジャゴケとゼンマイゴケ　岩壁の縄張り争い

岩壁に広がる植物

やっとのことで、私はカヌーの底の修理にとりかかった。粘着テープがくたびれてしまったのだ。まったく、粘着テープがあるおかげで、怠け者は仕事がさらに先送りになる。一枚また一枚と私はテープを剝がす。オスウィーガッチー川で岩にぶつかったときや、船尾をニューリバーの岩棚にしこたま打ちつけた後にエイヤッと貼りつけたものだ。あちこちにできた亀裂や欠けてしまったところを検査するのは、カヌー旅行の素晴らしい思い出の目録を作るようなものだ。これはフラムビュー川の急流を下ったときの記念の傷、こっちはラケット川の底の砂礫がつけた傷。ガンネル（船べり）には、空色のグラスファイバーと平行して、一五センチくらいの赤いペンキが擦りつけられた跡がある。何だろう、と一瞬考えて、私は思い出す――キカプー川と、そこにどっぷり浸かって過ごした夏のことを。

キカプー川は、ウィスコンシン州南西部の、無漂礫土地域と呼ばれるところを流れている。アメリカ中西部の北部一帯を氷河が覆ったとき、ウィスコンシン州のこの小さな一角だけは例外だったので、切り立った断崖と砂岩の渓谷から成る地形が残ったのだ。私がその川を見つけたのは、同じ大学院生だった友人が珍しい地衣類を探して付近を調査しているときだった。私たちはカヌーで川を下り、ところどころ岩壁や岩礁で停まっては地衣類を観察した。川の両側の岩壁にはずっと、ある独特のパターンがあることに私は驚いた。崖の上のほうには地衣類が散在しているのだが、切り立った崖の下のほうは、水面から順に、色調の異なる緑色のコケが横縞状に生えていたのだ。論文の課題を探していた私のところへ、向こうから課題がやってきた。断崖に水平のストライプを描く垂直方向の階層は何が原因なのか。

もちろん、ある程度の想像はついた。これだけ山に登っていたら、高度とともに植生が変化することに気がつかずにはいられない。標高による帯状分布は普通、温度勾配が原因で、標高が高くなればなるほど気温は下がる。水面から岸壁に沿って上昇するにつれて変化する何らかの環境傾度があり、コケの生え方はそれにしたがっているのだろう、と私は推測した。

翌週私は、横縞の断崖をもっとよく見てみようと一人でキカプー川に戻った。橋のところでカヌーを水に降ろし、川を遡る。流れは見た目より速く、私は懸命に漕がなければならなかった。岩壁に沿うようにカヌーを操ったが、停泊させる場所がない。コケを観察するために漕ぐ手を休めれば下流に流されてしまう。一つかみのコケをむしり取る間くらいは、指を岩の割れ目に突っ込んで何とかつかまっていることはできたが、するとまた流されて岩壁から離れてしまうのだ。系統立てた研究をするには、別のやり方が必要なことは明らかだった。

私は対岸にカヌーを引き上げ、川の中を歩いて岩壁まで行けるか試してみることにした。川底は砂だったし、水深はほんの膝までしかない。脚のまわりを渦巻く冷たい水が、暑さの中で気持ちよかった。

これ以上の調査現場はないという気がした。岩壁に手が届きそうなところまで歩いたところで、突然、川底が消えた。崖が流れで削られていたのだ。私は胸まで水に浸かり、岩にしがみついた。だがそれは何と素晴らしいコケとの対面だったことか。

羽を立てたように見えるゼンマイゴケ（ホウオウゴケ属）

水面のすぐ上には、深い緑色のホウオウゴケ属の一種、ゼンマイゴケ（*Fissidens osmundoides*）が三〇センチほどの幅の帯を作っていた。ゼンマイゴケは小さなコケだ。株の一つひとつはほんの八ミリほどの高さしかないが、針金のように堅い。ゼンマイゴケの形はとても特徴的だ。コケ全体は平らで、羽を立てたように見える。葉の一枚一枚は薄くて平らな葉身をしており、その上にもう一枚、ワイシャツの胸ポケットのように葉が重なっている。葉にできたこの封筒状の部分は、水を蓄える働きがあるようだ。コケの茎は寄り集まって、きめの粗い芝生状になる。ゼンマイゴケは、根のような細い繊維状の仮根が発達しており、それでザラザラした砂岩にしっかりと張りつく。水位線付近は、事実上ゼンマイゴケが独占している。カタツムリが一、二匹、必死でしがみついている他には、私はゼンマイゴケ以外の生物をほとんどと言っていいほど見かけなかった。

水位線から三〇センチほど上に行くと、ゼンマイゴケは姿を消して、かわりに数種類のコケのかたまりが見られる。オオハナシゴケの絹のような茂みや、盛り上がったハリガネゴケのかたまり、つややかな敷物のようなナメリチョウチンゴケなどが、砂岩の何も生えていない部分の黄褐色に混じって、異なった緑色を見せながらパッチワークのように並んでいる。

さらに上方には、水の中に立っている私の手が届くギリギリのあたりから、苔類（Liverwort）ゼニゴケ目の一種、ジャゴケがびっしりと生え始める。苔類は蘚類とともにコケ（蘚苔類）を構成するグループだ。Liverwort［訳注：Liverは肝臓の意］という格好の悪い名前は、中世の植物学からきたものだ。

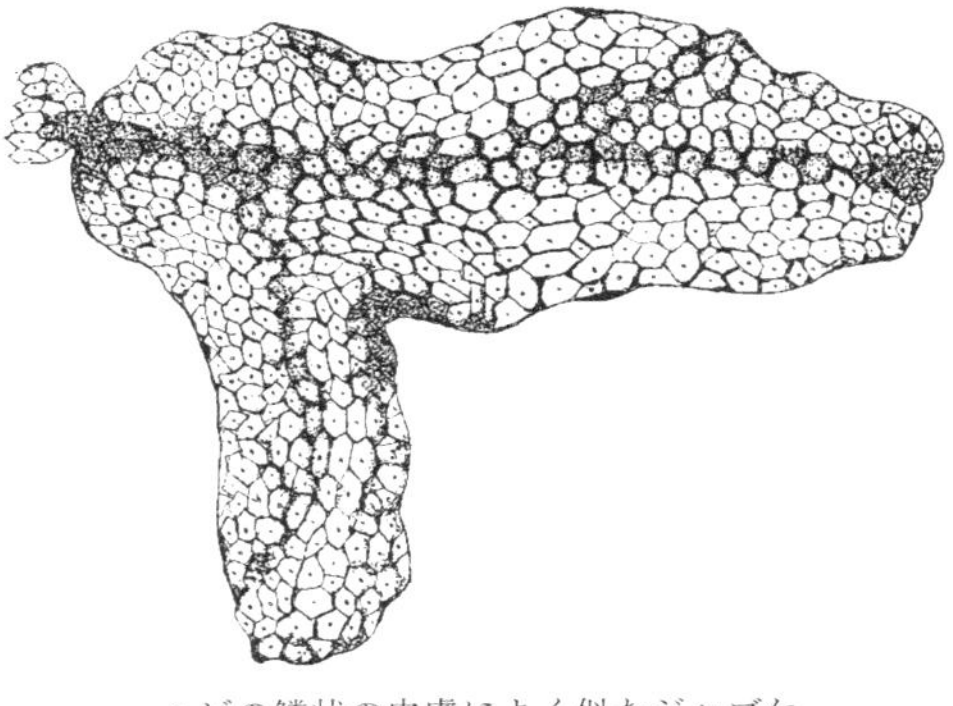

ヘビの鱗状の皮膚によく似たジャゴケ

Wortというのは植物を指す古いアングロサクソンの言葉で、中世の「特徴説」によれば、すべての植物は何らかの形で人間の役に立ち、どういう形で役に立つのかを示すしるしがあるという。たとえば人間の臓器と植物の形が似ていれば、その植物はその臓器の治療に効果があるということを示すというのだ。苔類の葉は一般的に、肝臓と同様の三小葉である。苔類が肝臓の治療に効果があったという証拠はないが、名称は七世紀を経ても残ったのだ。ジャゴケについて言えば、Snakewortと呼ぶほうが適切かもしれない。ヘビの鱗状の皮膚によく似ているからだ。この植物にははっきり葉と呼べるものはなく、平らで曲がった葉状体が、毒ヘビの三角形の頭のように三つに分かれて丸く飛び出ているだけだ。その表面が小さな菱形に分かれているせいで爬虫類っぽく見える。地表にぴったりと密着して、へビのように岩や地表を這い、裏面に並んだもじゃもじゃの仮根で軽く固定されている。岩壁はこの高さになると鮮やかな緑色の風変わりなジャゴケに完全に覆われ、下方に生えた暗い色のコケと著しい対照を見せる。

私はこれらの植物と、岩壁で階層状になったその分布にすっかり魅せられてしまった。そして調査現場にカヌーを漕いで行けるということが、私の論文テーマ選択の決め手となった。唯一の問題は、物理的な調査のやり方だった。川に胸まで浸かりながら、どうやったら研究に必要な詳細な計測が可能だろう。それから数週間、私はさまざまな方法を試した。たとえばカヌーを錨で固定し、岩壁に向かって身を乗り出してみたが、水に落とした鉛筆や定規の数に落胆し、しょっちゅう転覆しそうになるのも芳しくなかった。調査用の器具のすべてに発泡スチロール製の浮きを結わえつけてみたが、私がつかまえる前に楽しげに浮き沈みしながら川に流されてしまうだけだった。そこですべての道具をカヌーのシートに結びつけてもみたが、そのおかげで、カメラのストラップだの、データ記録用ノートだの、光量計などがごちゃごちゃに絡まり合ってしまった。

結局、私はカヌーを放棄して川に入ることにした。岩壁の脇にカヌーの錨を降ろし、私は岩壁とカヌーの両方に手が届く位置で川の中に立って、一種の水上実験室を作ったのだ。ノートを使うのは至難の業だった。川の中に落としてばかりいるので、私はテープレコーダーを使って計測結果を記録することにした。テープレコーダーをカヌーのシートにダクトテープでしっかりと固定し、マイクは首にひっかけた。こうすれば両手が自由になるので、サンプリンググリッドを構えて検体を収集し、しかもカヌーが流されそうになったら片足でロープを引っ張ることができた。まるでキカプー川のワンマンバンドになった気分だった。独り言を言いながら川に浸かり、コケの数と位置を大声で読み上げている私はさぞや奇妙な眺めだったに違いない――ジャゴケ、三五、ゼンマイゴケ、二四、オオハナシゴケ、六。調べた区画はすべて、赤いペンキで印をつけた。それが今でも私のカヌーに残っているのだ。

夜はテープを書き起こして、自分が録音した声をきちんとしたデータに変換した。ほんの余興として、それらのテープの何本かを取っておけばよかったと思う。テープには、何時間も念仏のように続く数字の合間合間に、活きのいい罵声が混じる。カヌーが流れていきそうになり、首にかけたマイクが引っ張られたのだ。何かに足をつつかれるたびにあげる悲鳴やバシャバシャいう水音もずいぶん録音されていた。横を通り過ぎるカヌーの上から冷たいビールをくれた人との会話をまるまる録音したテープもあった。

一番下にゼンマイゴケ、一番上にジャゴケがあって、その間にその他のさまざまな種類が生えている、というコケの垂直方向の階層化は非常に明確だったが、このパターンができる原因についての私の仮説を裏付けてはくれなかった。岩壁の表面では、光量、温度、湿度、岩の種類に有意な差は見られなかったのだ。分布パターンの原因は他にあるはずだった。毎日毎日、川の中に立ち続けた私まで縦方向に層ができてしまった――一番下のシワシワになった爪先から、一番上の日焼けした鼻の頭、そしてその二つの中間は泥だらけだったのだ。

コケの縄張り争い

縄張り防衛行動や、ある種の樹木が別の樹木から日光を遮ってしまうといった異種生物間の相互作用によって、自然界に唐突なパターンが生まれるというのはよくあることだ。私が観察していたパターンは、ジャゴケとゼンマイゴケによる、「譲れない一線」をめぐる攻防が原因かもしれなかった。私は二種類のコケにその関係について教えてもらおうと、温室で並べて栽培してみることにした。ゼンマイゴケは、単独では問題なく育った。ジャゴケも同様だった。だが二つを一緒に栽培すると、明らかに勢力争いが起きた。そして必ずゼンマイゴケの負けだった。何度やっても、ジャゴケがそのヘビのような葉状体を小さなゼンマイゴケの上に伸ばし、完全に呑み込んでしまうのだ。これで岩壁での乖離の理由が明らかになった。ゼンマイゴケは苔類と距離を置かなければ生き残れないのだ。だが、縄張り争いがそれほど重要ならば、ジャゴケが水面までずっと繁殖して他の植物を駆逐してしまわないのはなぜなのだろう。

夏も終わりに近いある日、私は、頭上はるか上の木の枝に、草が引っかかっているのに気がついた。高水位線だ。この川は明らかに、いつも歩いて渡れる深さとは限らないのだ。もしかすると垂直方向の階層化は、植物の種類によって、氾濫にどれだけ耐えられるかが異なることが原因なのかもしれない。私はそれぞれの種類を一つかみずつ採集し、浅型の容器に水を張って、一二時間、二四時間、四八時間浸してみた。ゼンマイゴケとオオハナシゴケは三日経っても元気だったが、ジャゴケは二四時間後には黒く、ぬるぬるになってしまった。なるほど、これがパターンの一端か。ジャゴケは氾濫に耐えられないので、崖の一番高いところにいるしかないのだ。

私がシミュレートしたような氾濫は、実際にはどれくらいの頻度で起きるのだろう、と私は考えた。勢力を拡大したがるジャゴケの性質の障壁になるほど頻繁に起きるのか。幸運にも、陸軍工兵部隊も同じことを知りたがっていた（ただし、その理由は違ったが）。この川では治水ダムの建築が検討されていて、私が調査していた岸壁の下流にある橋に測水所が設置されていたのだ。彼らは、キカプー川の水位を過去五年間にわたって毎日記録していた。そのデータを使えば、岩壁のどの高さについても、そこが水に浸かった頻度を計算することができる。また、自動音声対応の電話番号に電話をかければ、現在の水位もわかった。川の環境を破壊しがちな陸軍のことを私はよく思っていなかったが、このデータは貴重だった。

冬中、私はこのデータを分析し、岩壁のコケの分布と照らし合わせた。驚くにはあたらなかったが、測水所のデータはコケ植物の垂直分布によく合致した。圧倒的にゼンマイゴケが多いところが水位としては最も多かった。ゼンマイゴケは氾濫に強く、針金のような流線型の茎があるので、頻繁に流れに浸かっても大丈夫なのだ。上に行くにしたがって、岩壁が水に浸かる頻度は低くなった。壁面に軽く張りついているだけのジャゴケがほとんどを占める高さになると、水に浸かることはめったになかった。水面のはるか上で、ジャゴケは安心してそのヘビのような葉状体を岩の上に広げ、一面を緑色の毛布のように包むことができたのだ。氾濫の頻度が高いところはある一種類が独り占めし、水に邪魔されにくいところは別の種類が占領する。ではその中間はどうか。そこにはさまざまな種類が生育しており、「広告募集中」と書かれたビルボードのように岩が剝き出しの部分もところどころにある。氾濫頻度が中くらいのところは、どれか一種類のコケが占領することなく、多様性が高かった。二つの強大勢力に挟まれて、多いところでは一〇種類もの異なった種が生息していたのだ。

私がキカプー川に通い詰めていたのと同時期に、ロバート・ペインという別の科学者が、攪乱頻度について別の角度からの研究をしていた。ワシントン州の荒磯の潮間帯における波の作用である。彼の調査対象は、藻類、イガイ、そしてフジツボだった。これらは一見、コケとは共通点がないように思われるかもしれないが、どちらも無柄であり、岩に張りつき、場所を取り合っている。彼は興味深いパターンを発見した――常に波に晒されている場所に棲む種は少なく、ほとんど波が届かない岩に棲む種はさらに少ない。ところがその中間の、波による干渉の頻度が中くらいのところでは、棲んでいる種の多様性が非常に高いのである。

ワシントン州の荒磯とキカプー川の岩壁は、中規模攪乱仮説として知られるようになった仮説が生まれる一助となった。生物の種多様性は、攪乱が稀あるいは頻繁すぎる二極の中間であるときに最も高くなる、というものだ。生態学者によれば、攪乱が皆無のときには、ジャゴケのような強者が徐々に他の種を侵害し、競争的優位によってそれらを駆逐してしまう。攪乱が頻繁なところでは、それに耐えられる最も頑健な種しか生き残れない。だがその両極の間の、攪乱の頻度が中庸なところでは、多様な種の繁茂を可能にするバランスが保たれているらしいのだ。攪乱の頻度が、競争的優位による一種独占を防ぐに足るほどには高く、かつ、多様な種が次々と定着できるだけの安定した期間があるのである。多様性は、さまざまな生育年数のさまざまな種があるとき、最も大きくなる。

中規模撹乱仮説は、これ以外にもいろいろな生態系で立証されている――草原、川、珊瑚礁、そして森林。この仮説が示すパターンが、林野部の現在の火災対策方針の核となっている。スモーキーベア［訳注：米国林野部のマスコットであるクマのキャラクター］が火災をあまりにも熱心に消火しすぎれば撹乱頻度が低くなりすぎ、森は単一化して危険だし、火災の頻度が高すぎればわずかな下生えの植物しか残らないことになる。だが『三匹のクマ』の物語（うち一匹はスモーキーベアだったに違いない）にある通り、「ちょうどいい」頻度というものがあって、そういうところは多様性に富んでいるのである。森をモザイク状に焦がす火災が中程度の頻度で起こると、野生生物の生息環境が生まれ、森の健康が保たれるが、火災を抑えてもそうはならないのだ。

翌年の春、キカプー川から氷が消えた頃に測水所に電話をかけると、川が氾濫している、と電子音声の声が告げた。私は車に飛び乗って、コケがどんな様子かを見に行った。川は農地の土壌を呑み込んで茶色く濁っていた。激流には、倒木や古い柵の支柱などが、岩壁にぶつかりながら流れていく。私が赤いペンキでつけた印はどこにも見えなかった。その次の日の朝までには、洪水は起きたときと同様にあっという間に引いて、その爪痕が露わになった。ゼンマイゴケは無事だった。中間層のコケは泥にまみれ、丸太や水の勢いでめちゃめちゃになっていた。裸の岩肌が見える部分もいくつか増えていた。ジャゴケはといえば、枯れるほど長いこと水に浸かっていたわけではなかったが、大きなかたまりがあちこちで岩肌から剝がれ、破れた壁紙のようにぶら下がっていた。平らで、軽くしか固定されていない形状のせいで、水に引っ張られるのにはことのほか弱いのだ。一方、ゼンマイゴケには何の影響もない。ジャゴケが剝がれて空いたスペースには、新世代のコケが一時的に生息するだろう。だがそれも、ジャゴケが体力を回復して戻ってくるまでだ。つまりそれらは、ジャゴケと争うことはできず、また頻繁な川の氾濫にも耐えられない種なのである。二つの勢力に挟まれて、生存競争と川のエネルギーによる十字砲火のただ中で生きているのだ。

私はこの、気持ちよく一貫したパターンのことを考えるのが好きだ。コケ、イガイ、森、草原はみな、ある一つの法則が支配しているように見える。一見すると破壊にしか見えない攪乱は、バランスさえ取れていれば、実は再生という行為なのだ。そのことを語るのに、キカプー川のコケも一役買っていた。サンドペーパーを手にした私は、使い古した青いカヌーの赤いペンキの染みを眺め、そのままにしておくことに決めた。

ヨツバゴケ　生存のための選択、絶滅を招く選択

植物生態学者と酪農家

隣人のポーリーと私の会話は大抵、大声の張り上げ合いだ。たとえば私が表で車から荷物を降ろしていると、ポーリーが納屋から顔を出して、道の向こうから「どうだった？　いない間に大雨が降って、菜園のカボチャがすごいことになってるから、好きなだけ持ってって」と叫び、私が返事をする前に納屋に引っ込んでしまう。彼女は私があちこち飛び回るのには感心しないのだが、留守の間は私の家をしっかり見張っていてくれる。外で薪を積んだり豆を植えたりしているときに彼女の鮮やかなオレンジ色の帽子が目に入ると、私は道のこちら側から、池のそばの囲いが倒れてたわよ、と叫ぶ。私たちの叫び声は、お互いに対する親愛の情の簡潔至極な表現なのだ。長年にわたって、道のこちら側からあちら側へ、まるで電報のように、子どもの成長のことも、年老いていく両親のことも、肥料散布機が壊れたことも、牧場にフタオビチドリが巣を作ったことも、伝え合ってきた。九・一一事件のときには、私はテレビの前から納屋に走っていき、私たちは抱き合って泣いた――餌を積んだトラックが到着して、子牛

に餌をやらなければいけないことを思い出すまでのちょっとの間だったけれど。

ニューヨーク州の小さな村ファビウスにある私の家とポーリーの納屋はともに古く、かつては、一八二三年に開園された農園の一部だった。大きなカエデの木が両方に木陰を作り、同じ湧き水を共有している。どちらも朽ちかけていたのを二人で生き返らせたのだから、私たちの仲がよいのももっともなのだ。陽気がよくなると私たちは時々、道の真ん中で腕組みをして立ち話する。納屋に住んでいる猫を道路から追い払ったり、交通を――と言ってもたまに干し草を積んだ荷車や牛乳を運ぶトラックが通るだけだが――麻痺させたりしながら。日射しとおしゃべりを味わっている間は汚れた作業用手袋は脱ぎ、仕事に戻るときにまた着ける。たまに電話で話すときもあるが、ポーリーは自分が納屋にいるのではないことを忘れがちで、私は受話器を耳から三〇センチも遠ざける羽目になる。

観察力に富んだ隣人同士、私たちはお互いのことをよく知っている。野外調査のシーズン中ずっと、コケの生殖選択について熱心に調べている私のことを、ポーリーはあきれ顔で面白がる。その間もずっと、彼女と夫のエドは、八六頭いる牛の乳を搾ったり、トウモロコシを育てたり、羊の毛を刈ったり、若い雌牛のための納屋を建てたりしているのだ。今朝のことだが、私の郵便受けのところで顔を合わせた私たちは、ちょっとの間おしゃべりをしていた。彼女はAIの人を待っているのだと言う。「Artificial Intelligence（人工知能）？」驚いて私が訊くと、彼女は笑い出す。お隣の大学教授がいかに世間知らずかを示す証拠がまた一つ。白い小型トラックが、道路の水溜まりで水しぶきを上げて到着する。トラックの横には雄牛の絵が描いてある。道の反対側の自分の世界にそれぞれ戻りながら、「Artificial Insemination（人工授精）よ」と彼女が肩越しに叫ぶ。「あんたのコケは生殖の方法を選べるかもわかんないけど、私の牛には選択肢なんかないからさ」

コケは、やりたい放題のセックス狂いから禁欲的な節制にいたるまで、あらゆる種類の生殖行動を見せる。一度に何百万という子孫を送り出す、性的に活発な種もあれば、有性生殖が一度も観察されたことのない、セックスと無縁の種もある。性転換もないことではない。中には自由に性別を変化させる種もあるのだ。

植物生態学者は、繁殖努力という指針を使って植物の有性生殖に対する熱意を測る。これは単に、植物の全体重のうち、もっぱら有性生殖に使われる部分が占める割合を言う。たとえばカエデの木は、その小さな花や、風に乗ってくるくるとヘリコプターのように回転しながら地面に落ちる種子よりも、木質部を作ることに多くのエネルギーを費やす。対照的に、牧場に咲くタンポポは繁殖努力が非常に大きく、個体の質量の大部分が、初めは黄色い花に、それからフワフワした種に割かれている。

生殖のために割り当てられたエネルギーの使い方はさまざまである。使うカロリーは同じでも、少数の、大きめの子どもを両親が大切に育てる場合もあれば、もっと気ままに、非常に小さくてあまり大切にされない子孫をたくさん作るのにエネルギーが使われる場合もある。ポーリーは、自分が満足に養えない子どもを作る者に対してはっきりした意見を持っている。納屋に住む猫たちのうちの一匹で、ブルーという名前の長毛の美人猫は、子猫は使い捨て品だと思っている節がある。次から次へと子猫を生むのだが、乳を飲ませる気はさらさらなく、子猫は放っておかれて、自分で何とか生きていかなくてはならない。ヤノウエノアカゴケ属の生殖方法もこれに近い。納屋に続く牛の通り道の脇の、踏みにじられた地面の上では、ヤノウエノアカゴケが一年中胞子体を生み、びっしりと並んだ胞子体の下で、葉はほとんど見えないくらいだ。だが胞子の一つひとつはあまりにも小さいし、ろくに養分も与えられておらず、ブルーの子猫たちのように、生存できる可能性はほとんどゼロに近いのである。幸運なことに、納屋猫たちの中には、オスカーという、母親の鑑のような猫がいる。干し草の山のお局様で、一度に生まれた子猫たちをじっくりと育て、ブルーに見放された子猫を喜んで我が子として育てる。そのご褒美にオスカーは、牛の搾乳のときに、お皿にミルクをもらえることになっている。

納屋の裏の日陰になった岩壁に生えているキヌイトゴケ属のコケなら、ポーリーも気に入るだろう。この属のコケは、熟年になるまで胞子を作らない。自由気ままに生殖するより、自分の成長と生存に力を注ぐのである。

繁殖努力の大小、二つの戦略は、普通、特定の生息環境に関係している。不安定で荒れた生息環境では、小さくて、分散が容易な子孫をたくさん生む種のほうが進化に有利だ。ヤノウエノアカゴケが生えている牛の通り道のように、何が起きるかわからない環境では、攪乱によって成体が死んでしまう危険がある。だからさっさと跡継ぎを作って、もっと豊かな牧草地に送り出すほうが都合がよいのだ。風に運ばれる胞子がどこに行き着くかはわからないが、親の棲んでいた道端とはかなり異なった場所である可能性が大きい。有性生殖にはまた、親の遺伝子を新しい組み合わせに混ぜ直すという利点がある。だが何百万という子孫が地上にランダムにばら撒かれれば、この賭けも報われるのだ。新しい遺伝子の組み合わせがうまく繁殖できる土壌が見つかる胞子が、一つくらいはあるはずだ。有性生殖は多くの亜種を生む。胞子の一つひとつが宝くじのようなものだ。良い組み合わせもあれば悪い組み合わせもある。だが何百万何が起きるかわからない世界では、これははっきりとした強みである。だが、有性生殖には代償もある。卵細胞と精子ができるときには、両親が持っている優良な遺伝子の半分しか子孫には受け継がれず、しかも有性生殖という宝くじでバラバラに混ぜ合わされてしまうのだ。

泥だらけのブーツと、肥やしが飛び散った上着を身に着けたポーリーは、遺伝子工学と聞けば思い浮かぶ、白衣を着た研究者のイメージとは違う。が、彼女は遺伝子工学応用の最先端にいる。コーネル大学を卒業した彼女は、遺伝子的に申し分のない血統を持つホルスタイン牛の群れを交配して育て、賞を取ったこともあるのだ。自分の雌牛をそこいらの老いぼれ雄牛と交尾させて、苦労して手に入れたこの優良遺伝子を失うことにならないよう、彼女は人工授精を行い、まったく同じ遺伝子を持つ胎児を雌牛の群れの中の代理母に移植する。こうやって変動性の少ない群れを育て、普通の有性生殖では他と混じり合ってしまう優良な遺伝子型のみを永続させるのだ。こうしたクローニングが酪農生産において行われるようになったは比較的最近のことだが、コケはデボン紀からそれをしている。

変異を抑え、親世代の遺伝子のうちの都合のよい組み合わせを保つ、という繁殖戦略は、コケにはお馴染みのものだ。納屋の裏の岩壁は、一七九年前にここの最初の農園主が作って以来、一度も手を入れられたことがないのだが、そういう安定した、変動の少ない生息環境では、安定して変動の少ない生き方が最も都合がいい。岩肌のキヌイトゴケの群生は、二世紀近くをかけて、その特定の場所に適した遺伝子構造を持っていることを証明しているわけだ。頻繁な有性生殖にエネルギーを費やすのは、ここでは基本的に無駄なことだ——生息に適さない遺伝子型を持っているかもしれない胞子は風に飛ばされ、どこに行ってしまうかわからないのだから。安定した、生息に適した環境があるのなら、そのエネルギーを、すでにある、ずっと以前から生えているコケの成長とクローンによる増殖に充て、純血種の牛のように、その優良性が立証されている遺伝子型を維持させるほうがよいのである。

個体群を構成する個体には、それぞれ自然淘汰の法則が作用しており、適者のみが生存できる。道路の渡り方を学べなかった歴代の納屋猫たちや死産だった子牛を埋葬していると、そこに明らかな自然淘汰の力が見える。そういうとき、ポーリーは死を現実的な一言で片づける。「家畜（英語で livestock）を飼うなら、そりゃ不良在庫（英語で deadstock）だってあるわよ」。だが、強がりはしても、ポーリーの農場を見れば別の彼女が見える。農場の家畜は全部が全部、選りすぐられたものばかりではないのだ。牛房の一つには、年老いた、もう長いこと目が見えない牛がいる。ヘレンと名づけられたおとなしいその雌牛は、昔からの鼻先の勘に頼って今でも他の牛と牧草地に出かけていく。それからコーネリーという親なしの子羊を連れて帰ってきて、おむつをさせ、一人で生きていけるようになるまで薪ストーブの横に寝かせていたこともある。だが自然界には、自然淘汰の大鎌から弱者を救うポーリーはまず存在しない。だから私は、コケによる生殖方法の選択を、自然淘汰という観点から眺めてみる。どんな選択をすれば生存に繋がり、どういう選択が絶滅を招くのか。

クローンを作り出すコケ

ポーリーと私が、どういうわけかこの、丘の上の古農場で出会ったのは、偶然と、私たちがした選択の結果だ。風から守られた丘に抱かれたこの家の風情や、朝の陽が草原を照らす様子にその理由がある。ポーリーは、ボストンの家族の期待から逃れ、獣医としてのキャリアのかわりに酪農という強烈な体験を選んだ。私はといえば、悲しい離婚の後、自分の思うままにやり直したいという熱烈な思いを持って、伝書鳩のようにここに飛んできた。そして、私たちの夢はこの地に拠り所を見つけたのだ。ポーリーは自給自足の生活を日々改善し続け、動物といることが嬉しくてたまらないし、私のテーブルにはブラックベリー・パイと並んで顕微鏡が鎮座する。

私たちの牧場の一番高くなったところにはアメリカツガが生えている湿原があり、牛たちが入らないように森が柵で囲われている。隣の牧草地で干し草を刈っているポーリーの、トラクターの大きな音が聞こえる。私はポーリーに手を振り、鉄条網をくぐって森の中に入る。森に数歩入れば、静寂が緑色の木漏れ日とともにあたりを包む。私の家とポーリーの納屋を建てるのに使われたアメリカツガの木材は、今から何十年も前に、ここで伐り出されたのだ。古くなった倒木や腐りかけた切り株は、私が一番好きなコケの一つであるヨツバゴケ（*Tetraphis pellucida*）に覆われている。ヨツバゴケほど元気潑剌としたコケを私は他に知らない。若い葉は露の滴のようにつやつやとして、水でパンパンに膨らんでいる。名前にある「*pellucida*」という形容詞はこの、水分をたっぷり含んだ透明な質感を表している。短くて頑丈な茎はすっきりとシンプルで、希望に満ちた風情で真っ直ぐに立っている。一本一本は一センチ以下で、スプーン形の葉が二、三枚、茎に沿って、昇り螺旋階段のように並んでいる。

ほとんどのコケが、ある一つの生存様式を選んでそれを堅持してきたのとは対照的に、ヨツバゴケの繁殖手段は、有性無性を問わず自在に変化するという点で注目に値する。ヨツバゴケには、有性生殖と無性生殖の両方のために、特化した手段があり、生殖方法の選択肢の真ん中に位置しているのである。

コケは、ちぎれた葉やその他のかけらから自分のクローンを作れるものがほとんどだ。そうした断片

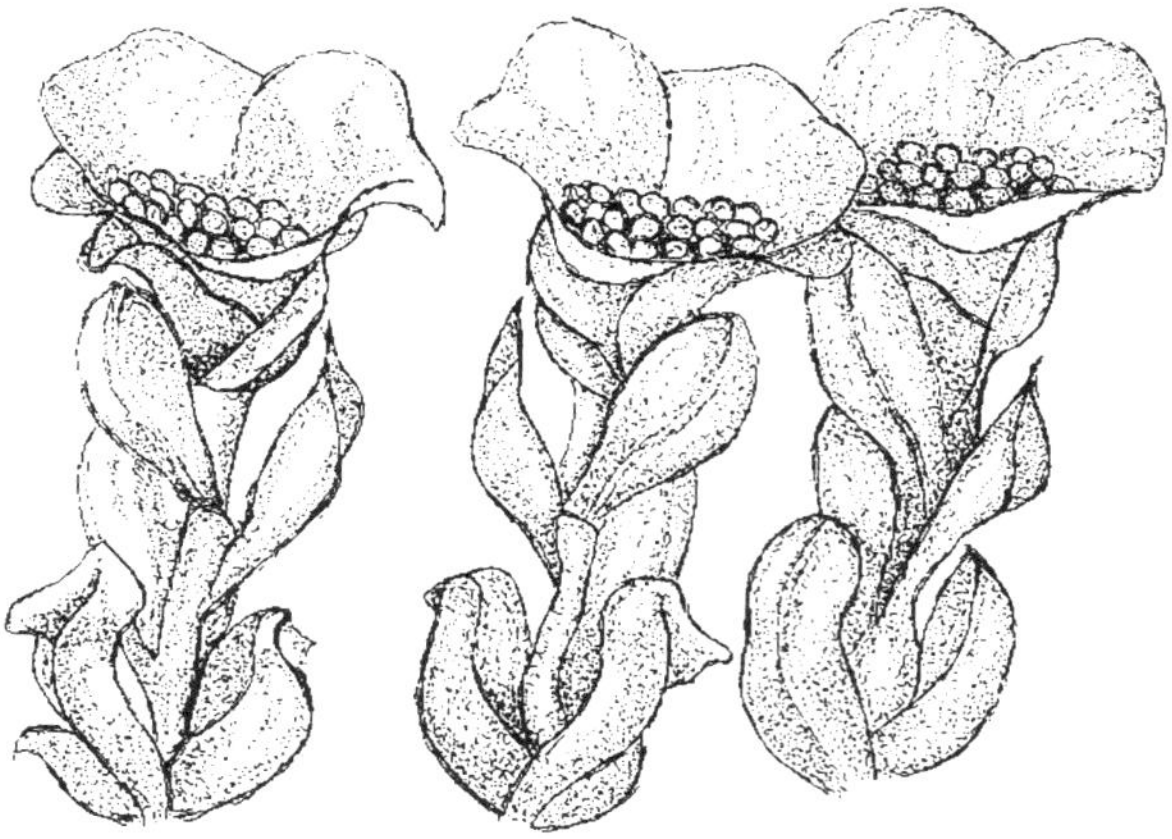
ヨツバゴケ。短くて頑丈な茎はすっきりとシンプルで、希望に満ちた風情で真っ直ぐに立っている

から、親とまったく同じ遺伝子を持つ新しいコケが育ち、一定した環境ではそれは有利性となる。できたクローンは親のそばから離れず、新しい領土に進出する能力はほとんどない。我が身の断片からクローンを作ることは確かに可能かもしれないが、これは明らかに、遺伝子を未来に送り出す方法としては、がさつで行き当たりばったりなやり方だ。だがヨツバゴケは、無性生殖にかけては特権階級と言ってよく、自身をクローンするための、美しくデザインされた構造が備わっている。膝をついて古い切り株の上のヨツバゴケのかたまりを間近に観察すると、コロニーの表面に、小さな緑色のカップのようなものがちりばめられているのが見える。杯状体である。真っ直ぐに立つ茎のてっぺんにできたこれらの杯状体は、鳥の巣のミニチュア版のように見え、小さなエメラルド色の卵が並んでいるところまでそっくりだ。鳥の巣、または杯状体は、葉が重なり合ってできた円形のボウルで、その中に卵のような無性芽が入っている。一つひとつの無性芽

は、たった一〇個から一二個の細胞が球形に集まったもので、光に当たるとキラキラ光る。すでに水分を含んで光合成を行っている無性芽は、それぞれに、親のクローンとして新しい個体に成長する準備が整っている。巣の中でじっと待っているのだ――親元を去り、成長して自分の家庭を持てる可能性があるところへと送り出してくれる、ある出来事が起きるのを。

空が暗くなり、雷が鳴ると、そのときは近い。大きな雨粒が森の地面を叩き、蟻やブヨは、勢いよく落ちてくる雨粒に潰されないようにと、コケの中に飛び込んで身を隠す。だが、小さいけれど頑丈なヨツバゴケは、期待を込めて待ち構える――雨粒のパワーを利用するようにできているのだから。杯状体に雨粒が直接当たると、無性芽が杯状体からバラバラに飛び出し、杯状体は空になる。無性芽は最大一五センチほども飛び散る。わずか体長一センチの植物にしては悪くない距離だ。好ましい場所が見つかれば、無性芽はひと夏の間にまるまる一つ、新しい個体に成長する。気まぐれな風に運ばれ、岩の上、屋根の上、あるいは湖の真ん中など、どこに落とされるかまるでわからない胞子と比べ、無性芽は親の近所に着地する可能性が高い。そして、クローンでできているから、すでにこの切り株に適合しているとわかっている遺伝子の組み合わせを持っているわけだ。

これとは対照的に、親の遺伝子が有性生殖で混ざり合ってできた胞子には、遺伝子の組み合わせが無数にある。さまざまな可能性を孕んだパウダー状の胞子は、切り株を越えて未知の世界へと送り出されて運を試すのだ。同じ切り株にヨツバゴケの別のかたまりがあるが、こちらは樹齢の長いアメリカスギのような赤茶けた色をしている。緑色の茎から伸びた胞子体がびっしりと集まってこの色になっているのである。一本一本の胞子体の先端は、蓋のない瓶のような形をした蒴になっている。瓶の口は四枚の赤茶色の「歯」に囲まれている。「四つの歯」を意味するヨツバという名前はここから来ているのだ。蒴が成熟すると、何百万という胞子が風に放たれる。有性生殖で作られた胞子は、混ぜ合わされた遺伝子を親から遠く離れたところに運ぶ。その多様性と移動距離の大きさは有利な点ではあるが、胞子からコケが育つ可能性はきわめて小さい。仮に、別のアメリカツガの切り株のような、生育に適した環境に慎重に植えつけたとしても、極小の胞子がコケに成長する胞子は、八〇万個あたり一個にすぎない。サイズと成功率には明らかに関係がある。無性芽は胞子の何百倍も大きく、何百倍も効率的に新しい個体を生む。胞子に比べて大きく、代謝作用が活発な無性芽は、成功率が高いのだ。実験では、一〇個に一個の無性芽が新しいコケの個体に成長している。

ヨツバゴケの胞子体

ヨツバゴケの語る物語

ヘーレーキ［訳注：牧草の収穫機の一種］の音が止み、ポーリーが私の様子を見に、ところどころ日陰になった小道をやってくる。日なたでの作業から一休みできて嬉しそうだ。私が水筒を渡すと彼女はたっぷり水を飲み、手の甲で口を拭うと、アメリカツガの切り株に腰を降ろした。私は二種類のヨツバゴケを見せた――頼りがいのある、「在宅型」無性芽を作る無性コロニーと、冒険好きな子孫を風に乗せて送り出す、性的に活発なコロニー。ポーリーはただ頷いて笑う。彼女にとっては聞き慣れたストーリーなのだ。彼女の娘は母親そっくりで、大学を出たら家に戻り、両親と一緒に農場の経営をすると決めている。だが兄のほうは、日の出前の乳搾りに始まって、牛たちが放牧から戻ってきてもなかなか一日が終わらない生活にはまったく興味がなく、巣から飛び立って州の反対側で教師になった。

ヨツバゴケに覆われた倒木や切り株を見ると、ある顕著なパターンがある。無性芽と胞子という二つの繁殖形態はそれぞれ別々のかたまりにあって、二つが混ざっていることはほとんどないのだ。クローンによる無性生殖と有性生殖という二つの繁殖戦略は普通、とても異なった環境と結びついており、一つの植物種はそのどちらかなので、ヨツバゴケがこういうパターンをとるのは不思議だ。なぜ一つの種の中で、そして同じ切り株の上で、クローンによる繁殖を選ぶかたまりと有性生殖を選ぶかたまりとがあるのだろう。二つの相反する行動が同じ植物に共存することを、自然淘汰が許すのはなぜなのだろう。この疑問によって私はヨツバゴケと、長期間にわたる親密な関係を持つことになった。その魅力的な、そして敬意を覚えずにはいられない関係の中から、私は「科学する」ということについて多くを学んだのだ。

生殖形態が違うかたまりがパッチワークのように存在するのは、物理的な環境に何か原因があるのではないかと私はすぐさま推測した。たぶん、腐敗していく木の中の水分や養分の違いが、異なる生殖形態の原因だろう。そこで私は、各環境要因を苦労して計測し、どの要因が有性生殖あるいは無性生殖と相関関係にあるかを調べようとした。pH計、光度計、乾湿計などを持ち歩き、腐敗した倒木の一部を採集して研究室に持ち帰り、その水分や養分を分析した。だが、何カ月も期待に胸を膨らませながら分析をした結果、それらとは一切相関関係はないということがわかったのだ。ヨツバゴケによる生殖形態の選択は、まったく無秩序なでたらめに見えた。だが、森で私が学んだことが一つでもあるとすれば、それは、意味のないパターンなど存在しない、ということだ。意味を見つけるためには、私は人間の目ではなく、コケの目でものを見なければならなかったのだ。

伝統的なネイティブアメリカンの社会では、アメリカの公教育制度のやり方とはとても違った形で人は物事を学ぶ。子どもたちは、見て、聞いて、体験して学ぶのである。彼らは、人間もそうでないものも、社会を構成するすべてのものから学ぶことを期待される。直接何かを質問することは失礼なこととされる場合が多い。知識は奪い取るものではなく、与えられるのでなければならないのだ。生徒にそれを受け取る準備が整って初めて教師は知識を授ける。辛抱強く観察すること、経験によってパターンとその意味を理解することの中から、たくさんの学びが得られるのだ。一つの真実にもいろいろな姿があり、そのそれぞれが、それを口にする者にとっての真実であると彼らは考える。それぞれの知識の出所の視点を理解することが重要なのだ。私が学校で教えられた科学的方法は、直接質問を投げ、知識がその姿を現すのを待たずに、無理矢理に知識を要求するようなものだ。ヨツバゴケのおかげで私は、知識をコケから絞り出すのではなくて、コケにその物語を語ってもらう、そんな違った学び方があることがわかったのである。

コケは私たちの言葉を話さないし、世界の体験の仕方も私たちとは違う。彼らから学ぶために、私はそれまでとは違うペースで、数カ月ではなく数年を要する実験を行うことにした。よい実験とは良い会話のようなものだと私は思う。聞き手はそれぞれに、相手が物語を語れるスペースを作る。だから、ヨツバゴケがどうやって生殖形態を選ぶのかを学ぶために、私はその物語を聞こうとした。それまでの私は、ヨツバゴケのコロニーを、さまざまな生殖成長期にあるかたまりとして、人間の視点から解釈していた。そしてそこから学ぶものは少なかった。かたまり、という実在があるのではなく、それは私にとっては便利な、けれどコケにとっては何の意味もない、恣意的な単位でしかないということに私は気づかなければならなかった。コケは一本一本の茎として世界を体験する。その生き方を理解するためには、私は同じ目線から観察しなくてはならないのだ。

こうして私は、何百、何千というヨツバゴケのコロニーについて、茎の一本一本を一覧にするという面倒な作業に取りかかった。調査したヨツバゴケのかたまりの一つひとつを、複数のメンバーが集まった家族とみなしたのだ。一本残らず茎を数え、雌雄の別、発育段階、そして無性芽と胞子のどちらの生殖形態であるかにしたがって分類した。いったい全部で何本の茎を数えたことだろう――おそらく何百万という数だと思う。密集したヨツバゴケのコロニーは、一センチメートル四方に三〇〇本の茎があることもある。数えたコロニーには印をつけた。マティーニのオリーブに刺さっている、プラスチック製の洋剣型のカクテルピックがそれには最適であることがわかった。腐らないし、派手なピンクのプラスチックでつけた印は次の年に見つけやすい。それに、コケで覆われた倒木に楊枝の装飾が施されているのに遭遇したハイカーがどんな会話を交わすかを想像するのも楽しい。

翌年、私は同じ場所に戻り、印をつけたコロニーを見つけて再びその数を数えた。次から次へと何冊ものノートに、彼らの人生に起きた変化を記録していったのだ。そしてその次の年も。腐葉土に膝をつき、鼻を切り株に押しつけながら、私は少しずつコケと同じように考えるようになっていった。

ポーリーなら、このことは誰よりもよく理解できると思う。平坦でない数エーカーの土地で酪農家として生きるのは容易なことではない。彼女の農場がうまくいっているのは、彼女がその群れを、単なるかたまりとしてではなく一頭一頭の牛として理解しているからだ。彼女の農園では、耳標を使って牛に番号をつけることもしない。ポーリーは全部の牛の名前を覚えている。たとえばマッジの子牛が産まれそうなのが、その歩き方を見るだけで彼女にはわかる。牛たちの癖や、それぞれが何を必要としているかを時間をかけて理解することで、ポーリーは大規模な酪農業者に太刀打ちすることが可能なのである。

私はそれぞれのコケのかたまりがどうなったかをノートに書き込む。小さなコケのコミュニティの全数調査の記録だ。直接質問を投げることはせずに辛抱強く観察していると、年を追うごとにヨツバゴケは少しずつその物語を彼らの言葉で語り始めた。裸の樹の上のコロニーは、初めは茎がまばらでバラバラに生えていて、たっぷり余裕がある。一センチ四方に個体が五〇以下の低密度のかたまりでは、ほぼすべての茎の先端に杯状体がある。無性芽は杯状体から落ちて元気な若い茎に成長し、翌年に私が戻ってくる頃には茎はもっと密集している。コロニーからコロニーへと調べるうち、ある驚くべきパターンに私は気づく。茎が混み合ってくると、無性芽は姿を消すのだ。コケは唐突に、無性芽を作るのを止め、雌株を作り始める。混み合うことが、有性生殖が始まるきっかけになるようなのだ。たくさんの雌株のところどころに雄株があるコロニーでは、間もなく胞子体ができ始める。無性芽を作る鮮やかな緑色のコロニーだったものは、胞子を作る赤茶色のコロニーへと姿を変えたのだ。その翌年に再び行ってみると、コロニーはますます密度が高くなり、一センチ四方あたり三〇〇本に迫ろうとしている。これほど高密度になると、その性表現に根本的な転換が起きるらしい。今ではコロニーには雄株しかできず、雌株や無性芽を作る茎は一本もない。私たちは、ヨツバゴケが雌雄同体で、コロニーが混み合うと雌から雄に性別を変える、ということを発見したのである。密集度の変化とともに性別が変化する例はある種の魚で観察されたことはあったが、コケではこれが初めてだった。

自らを死に追いやるヨツバゴケ

ヨツバゴケの物語を繋ぎ合わせる中で、有性生殖か無性芽かの選択は本当にコロニーの密度によって決まるのか、私は自分の理解が正しいことを確認したかった。それが本当なら、もしもコロニーの密集度を変えればコケの振る舞い方が変化するはずだった。間接的な質問をしてみたら、コケは答えてくれるかもしれない。コケの言葉で質問するためのヒントはポーリーの森にあった。

数年前、若い雌牛のための新しい納屋を建てるのに現金が必要になったとき、ポーリーは自分の植林地の木を少々収穫することにした。彼女は環境に優しい収穫の仕方に取り組んでいる、森を大切にしてくれる伐採業者を慎重に選んだ。選んだ業者は冬に木を伐り、森の中の空き地が集中しないように配慮しながら見事な仕事をした。それ以降、木がまばらになった森では春になると、青々とした林冠のもと、雪のように白いエンレイソウと黄色いカタクリが咲き乱れた。木の密集度が低くなったことで光がより入るようになり、以前からあった群生が活気を取り戻したのだ。

ミニチュアの木こりよろしく、私は精密作業用のピンセットを持って密集したヨツバゴケのかたまりの前に座った。そして、ヨツバゴケの株を一つずつ、密度が半分になるまで茎を一本また一本と抜いていった。私はその状態でヨツバゴケを放置し、次の年、その場所に戻って私の質問に対する答えが与えられたかどうかを調べた。間引きをしなかったヨツバゴケのかたまりは相変わらず雄株だけで、茶色に変色し始めていた。だが、私が間引きをしたかたまりは、青々として元気だった。ヨツバゴケの群生の根元に私が空けた隙間には若い元気な茎が生え、その先端には杯状体ができていた。コケは彼らなりのやり方で答えてくれた。群生密度が低い間は無性芽が、密度が高くなると胞子ができるのである。

性別が雄に変化することは、悪い結果を招くようだ。雄株ばかりが密集したかたまりが乾燥して茶色く枯れ始めるのを、私は幾度となく目にしている。生殖で疲れ切った雄のコロニーは、同じ倒木に生えた別のコケにいとも簡単に侵略されてしまう。ときには、別のコケのじゅうたんに破壊されて雄のヨツバゴケのコロニーが姿を消したところに、そのことを物語るカクテルピックが残されていることもある。ヨツバゴケはいったいなぜ、最終的には自らを死に追いやり、局所絶滅を招くような性行動を選ぶのだろうか。

通い慣れた切り株に戻ってみると、丁寧に印をつけたヨツバゴケのかたまりが消えてしまっている、ということが何度もあった。後には何も生えていない、裸の木肌が露出していた。膝をついてあたりを這い回ると、まだカクテルピックが刺さったままのヨツバゴケのかたまりが切り株の根元に落ちているのが見つかった。木が腐敗して崩れ落ちたのだ。こうした切り株や倒木の風景は変化し続けている。腐敗の進行と生物の活動が、少しずつ、絶えず木を崩し続ける。切り株はまるで小さな山のようだ――森のようにコケが茂り、根元には、腐った木のかけらが崩れた岩のように横たわって崖錐《がいすい》を形作っている。古い木のかたまりが、表面を覆っていたヨツバゴケと一緒に崩れ落ち、その後に、私が見つけた裸のスポットができたのだ。そうやって空いた部分、新しい木肌が露出したところはどうなっているのだろう。目を凝らすと、前にそこにあったヨツバゴケの繁みの割れ目に飛び散った、小さな緑色の卵状の無性芽が散らばっているのが見えた。崩壊の後には、次の世代のヨツバゴケの種子が植えつけられていたのだ。

新鮮な卵を買うためにポーリーの納屋に立ち寄ったちょうどそこへ、ポーリーがミーティングを一件終えて戻ってきた。私たちは、古いサイロの壁を伝い登る朝顔を感心して眺めながら、日射しの中で立ち話をする。ポーリーは隣の郡にカジノができるという話を聞いてきて、賭け事にお金を無駄にする不用心な人たちのことを私たちは笑う。「まったくね」とポーリーが言う。「賭け事するのにカジノまで行く必要なんかないわよ。農業ってのはブラックジャックみたいなもんだものね、年がら年中」。牛乳の価格は不安定なことで有名だし、餌は一年で三倍になることもある。農業収入は、雲が太陽を遮って通り過ぎるように上がったり下がったりするが、大学の授業料は上がる一方だ。そこで、クリスマスツリーや羊や飼料用トウモロコシの出番となる。不確定要素を減らすために、エドとポーリーの農場は多角経営だ。稼ぎ頭は乳牛だが、牛乳の価格が下がっているときには、ひょっとしたら羊肉の市場が、あるいはクリスマスツリーの売上が子どもたちの学費を捻出してくれるかもしれない。家族経営の農場が消えていく時代を、彼らは、柔軟性に根ざした打たれ強さで生き抜く。多様性の中から安定が生まれる。

ヨツバゴケもそれと同じように、腐敗した木が崩れ落ちれば何年もかかって成長を続けてきたものが破壊されてしまう気まぐれな環境の中で、絶滅の危険を分散させている。複数の繁殖戦略の間を自由に行き来することで、不安定な生息環境の中での安定性が確保できるのだ。コロニーがガラガラで空きスペースがたっぷりあるときには、クローン繁殖は割が合う。無性芽は、胞子よりも迅速に裸の木肌に陣取り、他の種類のコケとの競争における優位性を保つことができるからだ。だがコロニーが混み合ってくると、生き残れる可能性のある子孫は胞子だけになる。こうして有性生殖が始まり、さまざまな遺伝子構造を持つ胞子が作られて、勢いをなくした両親の生育環境から遠く飛び立っていく。胞子が一つでも適当な倒木に着地して新しいコロニーを作れるかどうかは賭けである。だが、なんの攪乱もなしに一つの場所に留まっていれば、いずれコロニーが絶滅することは確かなのだ。

ヨツバゴケほど創意に富んだ繁殖方法を持たない他のコケが、ゆっくりと近づき、小さなヨツバゴケを呑み込もうとする。だがヨツバゴケは生息場所を上手に選んであって、確実に倒木に攪乱を引き起こす腐敗を完璧に味方につけている。疲弊したヨツバゴケのコロニーが競争に負けそうになるちょうどその頃、倒木の表面の皮が腐って剥がれ落ち、ヨツバゴケとその競争相手をかたまりごと排除すると同時に、新しい木肌が露出する。ヨツバゴケがこの空き地にコロニーを作るのに胞子に頼らなければならないとしたら、競争相手がスピードで勝つことのほうが多いだろう。だが、ほんの数センチ離れたところには、無性芽段階のヨツバゴケのかたまりがある。次の雨で無性芽は空き地に飛び散り、あっという間に新しく、緑鮮やかな茎の一群が生えるだろう。腐敗が新たな空き地を作り、それに合わせて、ヨツバゴケも生まれ変わるのだ。ヨツバゴケは、短期的な益のためには無性芽を作り、長期的な優位を保つためには胞子を作るという両刀使いだ。変化しやすい生息環境においては、一種類の生殖方法に固執するよりも、柔軟に生殖方法を変えるほうが自然淘汰の法則には有利なのだ。逆説的だが、ある特定の生活様式にのみ適合した種は現れては消えるが、ヨツバゴケは、選択肢を保ち、選択の自由を持ち続けることによって存続しているのである。

二〇〇年近くも続いている、私たちが住むこの農園にも、同じことが言えるかもしれない。ポーリーと私の前に、何世代にもわたって他の女性たちが、納屋に住む猫を道路から追い返し、ライラックを植えながら、このカエデの木の下で子どもたちを育ててきた。古き善き種付けの雄牛は人工授精に、水を溜める池は井戸に取って代わられたが、世界は今でも気まぐれだ。それでも、偶然のお情けと選択肢という強みがあれば、私たちは生きていけるのだ。

ヒメカモジゴケ　偶然の風景

森の回復力

静寂が私を目覚めさせたのだと思う。普段ならモリツグミのさえずりが聞こえる、夜明け前の銀色の薄明かりの中、あたりは不自然な静けさに包まれていた。眠りから覚めるにつれて、不気味なさえずりの不在が夢ではなかったことがわかった。アディロンダックでは、朝は大抵、ヴィーリチャイロツグミやコマドリのさえずりとともにやってくる。だがこの日は違っていた。私は寝返りを打って時計を見た。午前四時一五分。突然、外の光は銀色から鉛色に変わり、遠くで雷のゴロゴロ鳴る音が聞こえた。アスペンの葉は仰向けになって、静けさの中でぎこちなくはためき、鳥たちの不在が後に残した沈黙を彼らなりの雨鳴きで満たした。雨が来るのに備えているのに違いない、と私は思った。このあたりでは、「雨は七時前に降り、一一時には止む」と言われる。カヌーに乗りに行くのは大丈夫だろう。私はもう一度布団にもぐって雨をやり過ごすことにした。木に斧が振り下ろされるように、気圧波が小屋を襲ったのはそのときだった。

私はベッドから飛び起き、風の力で突然開いてしまった小屋の入り口の扉を急いで閉めに行った。窓からは、気味の悪い緑色に変わってしまった空と、海のように荒れて白波が立つ湖が見えた。岸辺のアメリカシラカバはほとんど水平に横倒しになり、円を描くように激しく揺れ動くさまが、湖の向こうから電気を孕んだカーテンが近づくにつれて、白い稲妻の閃光に白く浮かび上がった。ベランダにかぶさる大きなマツの木が軋み音を立て始め、窓ガラスは内側に向かって押しつけられているかのようだった。私は幼い娘たちを小屋の奥に連れて行き、窓ガラスが割れたりマツの木が裂けるのではないかと縮み上がった。嵐の中、私たちは物も言えずに小さくなっていた。

雷鳴は、轟音を立てて進む長い貨物列車のように延々と轟《とどろ》き、そしてその後に静寂がやってきた。静かになった青い湖に陽が昇った。それでも鳥たちはいなかった。その夏中ずっと鳥は戻ってこなかったのだ。

一九九六年七月一五日の朝が来たとき、アディロンダックの景観は、ミシシッピ川以東で記録された最大の嵐にめちゃめちゃにされていた。それは竜巻ではなく、マイクロバーストと言って、対流性雷雨の壁が気圧波に乗って五大湖地域から押し寄せたのだ。すべての木々を襲った一連のブローダウン現象によって、木は折れ、根元からなぎ倒された。キャンプをしていた人たちはテントに閉じ込められ、ハイカーは山林の奥地で立ち往生した。折れた木が一〇メートルも積み重なって道が埋もれてしまったのだ。ハイカーの救出のためにヘリコプターが送り出された。一時間のうちに、木々が影を落とす広大な森は、裂けた木々と掘り起こされた土壌が散乱し、夏の太陽の強烈な日射しに晒されていた。

土地を一掃するこのような事象が起きるのは稀だが、危機に見舞われたときに森が見せる回復力は驚くばかりだ。危機という言葉を表す漢字は、機会を意味する漢字と同じだと聞く。ブローダウン現象は壊滅的ではあったが、多くの植物には新しい機会をもたらしもした。たとえばアスペンは、時々起きる攪乱をうまく利用するために完璧に適応している。成長が早く短命なアスペンは、軽い、風に運ばれる種を作り、それがフワフワしたパラシュートに乗って飛んでいく。速く、遠くまで飛んでいくために、アスペンの種には最小限のものしか含まれない。種が生きているのはほんの数日で、その間に発芽しなければ死んでしまう。平穏無事な林床にアスペンの種が舞い降りても、まず発芽することはない。自分で栄養を供給するための鍵である細根には、厚く降り積もった落ち葉を貫くことはできないし、密集した林冠は種に必要な太陽光を遮ってしまうからだ。だが嵐の後では、林床は掻き回され、倒木と、なぎ倒された木の根に掘り起こされた土壌で大混乱にある。十分な日光と、ミネラルたっぷりの何も生えていない土壌があれば、荒れ果てた土地に真っ先にコロニーを作るのがアスペンなのだ。

これほどの嵐は一〇〇年に一回かもしれないが、ほとんど毎日のように風は吹き、樹冠を揺らしてその根の張りを弱めてしまう。北米大陸北部の落葉樹林で木が枯れる主たる原因は、風倒である。結局、重力には勝てないのだ。頻繁に嵐があったり、冬の間の雪の重みに耐えきれず、木が単独で倒れるのはよくあることだ――まるで生態という時計の振り子のように。風のない日でさえ、木がミシミシと音を立て、ヒューッという音とともに地面に倒れることがある。木が一本倒れると、林冠に穴が開き、そこから日の光が射し込んで林床に届く。こういう穴は小さすぎて、そこから入ってくる光はアスペンが生えるのには不十分だが、他人の不幸でいい思いをしようと待ち構える植物は他にもある。たとえばキハダカンバは、木が一本倒れたときにできる小さな土の盛り上がりが好きで、そこに素早く根付き、光の

水中の生き物に親しむ本

完全攻略！鮎 Fanatic

最先端の友釣り理論、放流戦略からアユのよろこぶ川づくりまで
坪井潤一+高橋勇夫+高木優也［著］
2400 円 + 税
アユの生態から川作り、放流種苗ごとの特徴、釣果が上がるテクニック、アユ増殖の成功事例まで。

魚と人の知恵比べ

フライフィッシングの世界
マーク・カーランスキー［著］
片岡夏実［訳］　2700 円 + 税
「なぜ釣るのか」という答えのない問いを発し続ける悦楽を描き、「人生の時間」の意味を鮮やかに浮き彫りにする。

びっくり！ふしぎ！海の求愛・子育て図鑑

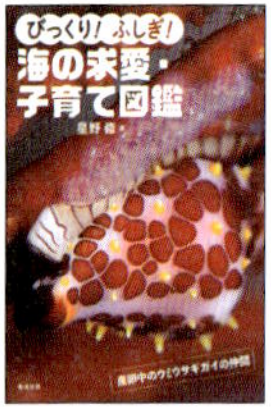

星野修［著］　2000 円 + 税
海の小さな生き物の求愛と交接、産卵・孵化から保育、クローン繁殖まで。想像を超えた驚きの繁殖行動をオールカラーの生態写真で紹介。

海の極小！いきもの図鑑

誰も知らない共生・寄生の不思議
星野修［著］　2000 円 + 税
捕食、子育て、共生・寄生など、小さな生き物たちの知られざる生き様を、オールカラーの生態写真で紹介。世界で初めての海中《極小》生物図鑑。

林業・農業と人間

樹盗 森は誰のものか

樹木の恵みと人間の歴史

内部に隠された複雑性へのスリリングな旅。

地から掘り起こし、現代によみがえらせる。

地域森林とフォレスター

市町村から日本の森をつくる

鈴木春彦［著］　2400円＋税

フォレスターとして必要な基礎技術、市町村林政の林務体制の作り方、地元・現場に近い市町村林務独特の体制を作る方策を詳述。20年の経験に基づいて明快に書きおろした。

林業がつくる日本の森林

藤森隆郎［著］　1800円＋税

半世紀にわたって森林生態系と造林の研究に携わってきた著者が、生産林として持続可能で、生物多様性に満ちた美しい日本の森づくりを指し示す。

自分の農地の風《ふう》・水《すい》・土《ど》がわかれば農業が100倍楽しくなる

田村雄一［著］　1800円＋税

すべての農地に合う「たった一つの方法」は存在しない。大淘汰時代をしぶとく生き抜くための、知的興奮と刺激に満ちた栽培理論を、キレイゴト抜きで展開する新しい農バイブル。

自然により近づく農空間づくり

田村雄一［著］　2400円＋税

自分の畑の周りの環境に目をこらして、耳をすます。自然の力を活かして、環境への負荷を極力減らし、低投入で安定した収量の農作物を得る。

土壌医で有畜複合農業を営む著者が提唱する、新しい農業。

価格は、本体価格に別途消費税がかかります。価格は2023年5月現在のものです。

をとらえなければ見えてこない、コケと森と人間の物語。

きや研究史、病原性から利用法まで、この一冊ですべてがわかる。

動物と人間社会の本

先生、ヒキガエルが目移りして ダンゴムシを食べられません!

鳥取環境大学の森の人間動物行動学

小林朋道［著］　1600円＋税

先生！シリーズ第17巻！

脱走ヤギは働きヤギに変身、逃げた子モモンガは自ら“お縄”に、砂丘のスナガニは求愛ダンスで宙を舞う。

苦しいとき脳に効く動物行動学

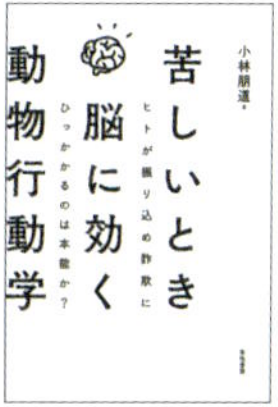

ヒトが振り込め詐欺にひっかかるのは本能か？

小林朋道［著］　1600円＋税

著者が苦しむ生きにくさの正体を動物行動学の視点から読み解き、生き延びるための道を示唆する。この思考方法を知っていると気持ちがラクになる！

人類を熱狂させた鳥たち

食欲・収集欲・探究欲の1万2000年

ティム・バークヘッド［著］

黒沢令子［訳］　3200円＋税

人類の信仰、科学、芸術、資源の源として存在し続けている鳥類。1万年以上にわたる人間と鳥の関わりを、英国を代表する鳥類学者が語り尽くす。

時間軸で探る日本の鳥

復元生態学の礎

黒沢令子＋江田真毅［編著］

2600円＋税

海に囲まれた日本にはどんな鳥類が暮らしてきたか、人間にどう認識されてきたか。時代と分野をつなぐ新しい切り口で築く復元生態学の礎。

柱に沿って成長して林冠のカエデに届く。盛り上がった土はやがては崩れてなくなり、後には、竹馬のような根の上に立つキハダカンバが残る。キハダカンバは通常、成熟したブナ・カバ・カエデ類の森で中心となる三種の一つとして、極相種であると考えられている。にもかかわらず、そもそもそれは攪乱がなければ存在しないのだ。木が倒れなければキハダカンバは姿を消し、三人トリオはトリオでなくなってしまう。逆説的だが、森が安定を保つには攪乱が欠かせないのである。

攪乱があった後の森の回復力は、その構成の多様さにかかっている。さまざまな植物が、攪乱によってできたさまざまなタイプのギャップに適合するようにできているのだ。アメリカザクラは土壌が露出した中くらいの大きさのギャップを埋めるし、ヒッコリーは岩混じりの土壌にできた小さなギャップに、マツは火事の後に、ペンシルバニアカエデは病気で倒れた木の跡に、といった具合に。その景観はさながら、さまざまな色調の緑色のピースでできたジグソーパズルが途中までできあがっているかのようだ。空いているスペースには、ある特定のピースしかはまらない。こうやって森が構成されることをギャップ更新といい、アマゾンからアディロンダックまで、世界中の森に見られる現象だ。

こうしたパターンは、物事の仕組みに秩序と調和があることを示し、何となく心強い。だが、もしも森にある「木」がたったの一センチしかなかったらどうだろう。ギャップができ、そこに新しいコロニーができる、という変化は、マイクロスケールでも起きるのか。風景というジグソーパズルを組み立てる際のルールは、コケにも当てはまるのだろうか。コケの研究の魅力の一つは、大きな植物における生態学的な規則が、大きさの壁を越えて、極小生物の習性をも説明できる場合があるのか、あるとしたらどういう場合なのかがわかることがあるという点だ。それは、秩序を追い求め、この世界を繋ぎ止めている糸をチラリとでも見てみたい、という欲求なのだ。

大音響とともに倒れた木は、やがてはコケむした木のかたまりとなる。頭上の森と同様に、コケのじゅうたんもまた、たくさんの種類のパッチワークだ。ひざまずいて地面に顔を近づければ、コケのじゅうたんは単なる緑一色ではないことがわかる。ここにもギャップが——暴風の後の剝き出しの地面のように、木肌が見えている小さな空き地が——あるのだ。極相種による支配が一時的に途切れて、この微生息地に、日和見主義者が機転を利かせる絶好のチャンスが到来するというわけだ。生態学者の草分け的存在であるG・イブリン・ハッチンソンはこの生物界のことを、「生態学という劇場における進化という演劇」であると見事に表現した。腐敗していく倒木を舞台に、新しい入植者たちがギャップの上でドラマを演じ、各場面が展開するのである。

そこには、撹乱という力とは切っても切れない関係にあるヨツバゴケが生えている。アスペンと同じように、競争相手のない空間がなければヨツバゴケの新しい株は生まれることができない。撹乱によって新しいギャップができると、ヨツバゴケの無性芽が素早くそこにコロニーを作る。ギャップが混雑してくると、ヨツバゴケは有性生殖に切り替わり、どこか遠くの倒木に新しくできたギャップへと飛んでいく胞子を生産する。胞子は、他の種類のコケのじゅうたんがギャップに侵入し、ヨツバゴケが呑み込まれて消えてしまう寸前にできる。こうして、わずかの間だけ存在するギャップにコロニーを作ることが何より重要なのだ。撹乱がなければ、ヨツバゴケは生き残れない。

だが、これはヨツバゴケの一人舞台ではない。進化というこの演劇にはもう一人、ヒメカモジゴケという登場人物がいる。ヒメカモジゴケには、ヨツバゴケとの共通点がたくさんある。腐敗する倒木に生息すること。ヨツバゴケと同じく、小さく、短命で、サイズの大きいコケのじゅうたんに簡単に打ち負かされてしまうこと。撹乱によってできた空きスペースでの成長を当てにしているのもヨツバゴケと似ているし、複数の繁殖戦略が入り混じっているところもヨツバゴケと同じだ。つまりこの二つは、異なった種ではあるが、生息の仕方がよく似ているのだ。二つは同じ森の中で、同じ倒木に、同時に生息する。環境理論では、二つの種がよく似ている場合、その両方が同じ物を必要として競い合うため、いずれはどちらか一方が排除される、と予測する。両方が勝者にはなり得ず、勝者と敗者ができると。それならなぜ、この二つの種は同じ倒木の上のスペースを共有しているのだろう。これほど似ているのに、なぜ二つは共存できるのだろう。繰り返すが、理論的には、何か根本的な点で互いに異なっている場合にのみ、二つの種は共存が可能なのだ。私はこの、ギャップに育つ二つの種が、どうやって住処を分け合っているのかに興味を持った。光の当たり方、温度、あるいは化学成分が異なる部分を選んでいるのかもしれない。ギャップにコロニーを作ることが種の生存に欠かせないとしたら、二つの種はそれぞれ、一体どうやってギャップを見つけ、新しい生命を始めるのだろう。

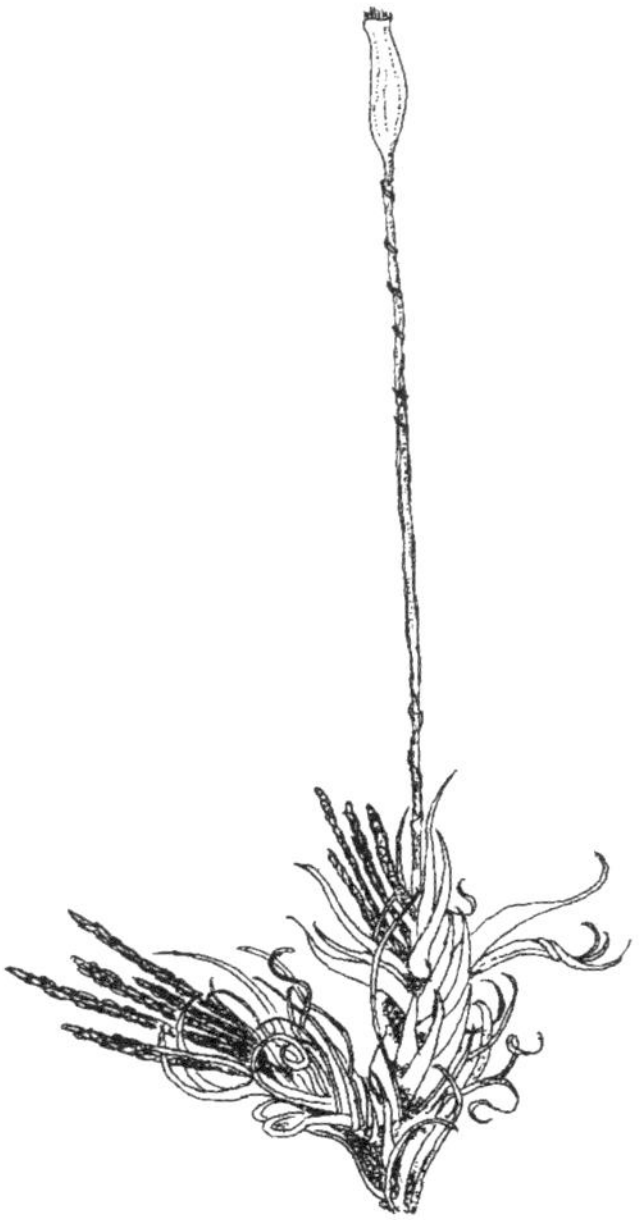

茎の先端にある、小さな穂を使ってクローンを作るヒメカモジゴケ

ヒメカモジゴケの繁殖戦略

ヒメカモジゴケの葉は、丸くてつやつやしたヨツバゴケの葉とは似ても似つかない。一枚一枚の葉は細長くて堅く尖っており、小さな松葉のようだ。ヒメカモジゴケの繁殖戦略は、有性生殖によって胞子を作るだけでなく、無性生殖あるいはクローニングによって珠芽を作ることも必要とする。ヨツバゴケが倒木に撒き散らす可愛らしい無性芽とは違って、ヒメカモジゴケは、それぞれの茎の先端にある、小さな剛毛状の穂を使ってクローンを作る。理論的には、この穂がちぎれてバラバラになり、細長い緑色の円柱型で長さ一ミリほどの小枝状の無性芽になる。その一つひとつがクローンとして新しい個体に育つ可能性を持っているのだが、可能性があるからと言って実際にそうなるとは限らない。その役割を果たすためには、小枝は親株から離れ、どうにかして新しくできたギャップの何も生えていない木肌に移動しなければならないのだ。

どんなに考えても、どうしたらそんなことが可能なのか私にはわからなかった。ヨツバゴケの無性芽のように飛び散るのかもしれないと思って、水をシャワーのように浴びせる実験をしてみた。何も起こらない。風が運ぶのだろうか。私はヒメカモジゴケの周囲に粘着テープを置いて、親株から吹き飛ばされた小枝が見つかるかどうか実験してみた。何も引っかからない。実験をやりやすくするため、強力な扇風機を置いてもみた。それでも何も見つからない。ヒメカモジゴケはクローン性の無性芽を作ることはできるのに、それを使うことができないように見えた。生命体に何の機能も持たない部位があるというのは珍しいことではない。人間の盲腸のように、退化して何の機能もなくなってしまった痕跡器官のある生物は数多い。もしかしたらこの小枝状のものも同様に、何の役にも立たないのかもしれない。

私はクレイグ・ヤングという学生と一緒にふた夏を地面に這いつくばって過ごした。私たちは枯れた倒木とそこに生えたコケの群生にどっぷりと浸かった。倒木を覆うコケに見られるギャップの一つひとつについて丹念に記録を取った。湿度、光の当たり方、pH、大きさ、位置、頭上にどんな木があるか、そして、ギャップの隣にはどんなコケが生えているか――それらをすべてノートに書き込んだ。科学の台頭とともに血の生け贄は姿を消したと人は思っているが、そんなことはない。五月にはブヨが、六月には蚊が、そして七月にはメクラアブが、倒木の横に何時間もじっと座ってジグソーパズルのピースを読み解こうとしている私たちを餌食にした。クレイグは、私たちを悩ませる虫がたっぷり血を吸った後で飛んでいこうとするのを捕まえる名人になった。彼のノートには、潰れたブヨが染みになり、私たちの血が飛び散った。

観察の結果、非常に明確なパターンが明らかになり、私はその結果の一貫性に驚いた。ヨツバゴケとヒメカモジゴケは、ともに枯れた倒木にできたギャップにコロニーを作るのだが、二つの生育場所ははっきりと分かれていた。その分離があまりにも完全なので、ギャップの縁に「ヨツバゴケ以外立ち入り禁止」という標識でも立っているのではないかと思ったくらいだ。ヨツバゴケは、二五平方センチメートルかそれ以上の、大きめのギャップに最も多く見られた。ギャップが大きいほどヨツバゴケが多かった。ヒメカモジゴケが生えるのは、大抵は二五セント硬貨くらいのサイズの小さなギャップに限られていた。倒木にできるギャップにはさまざまな形とサイズがあるので、二つのコケは明らかに、生育場所を特定することで共存できるらしかった。ヨツバゴケは大きなギャップに、ヒメカモジゴケは小さなギャップに生えることで、競争せずに済むのだ。

このパターンは、頭上で展開する森のギャップ更新をそのまま反映していた。ヨツバゴケは、まるでアスペンに教わったかのように、非常に拡散しやすい珠芽をたくさん送り出し、あっという間に自分のクローンを作って空いたスペースを埋める。ヒメカモジゴケが似ているのはキハダカンバで、最も小さなギャップに飛びついて生き残る。じゅうたん状に生えた他のコケは、極相種であるブナとカエデと同様に、ゆっくりと辛抱強くギャップへの侵入の態勢を整える競争相手の役を演じていた。

だが、ヨツバゴケとヒメカモジゴケの物語は、木の構成パターンよりもさらに複雑だ。私たちは、ヨツバゴケが生える大きなギャップとヒメカモジゴケが生える小さなギャップは、非常に異なった場所にできるということを発見した。ヨツバゴケの大きなギャップはほとんどの場合、倒木の横側にあり、ヒメカモジゴケのギャップは顕著な規則性を持って倒木の上面にあったのだ。二種類の大きさのギャップを作る原因が違うのだろう、と私たちは推論した。だがその原因とは何なのか。

アスペンに生育の機会を与えるのは壊滅的な暴風だが、ヨツバゴケに適した生息場所を作るのは、菌類と、避けることのできない重力である。中でも、褐色腐朽菌と呼ばれる木材腐朽菌の一群が、ギャップ形成の原因となる。これらの菌は、木をとても特徴的な形で消化する。白色腐朽菌が繊維細胞を一本一本浸食するのとは異なり、細胞壁と細胞壁の間の接着剤を、木材がブロック単位で腐敗するような形で溶かすのだ。切り立った倒木の壁面で、腐敗によってぐらぐらになった木片の一塊が崩れ落ちるには、重力や、あるいは通り過ぎる鹿の蹄があれば十分である。崩れ落ちる木片は競争相手のコケのじゅうたんを、あるいは他のヨツバゴケのコロニーを引きちぎり、腐敗した木の崩落によって後には大きなギャップができるのだ。

だが、ヒメカモジゴケの生える小さなギャップはどうやってできたのだろう。そのでき方も、なかなか親元を離れようとしないヒメカモジゴケの小枝状の無性芽が、いったいどうやってその親元を離れて彼らを待ち受けるギャップに辿り着くのか、その仕組みも謎のままだった。パズルの完成のためにきわめて重要なピースを、私たちは持っていなかったのだ。そこで私たちは、四つん這いになってそれを探し始めた。

ヒメカモジゴケのための競争場

湿った倒木はナメクジにとっては一等地だ。毎朝、ナメクジの通った跡の粘液がコケの上に光る。それはクネクネとして、まるで、消えるインクで木の上に書かれたメッセージのようだ。私たちはこの暗号を実験で解読しようとした。ヒメカモジゴケの小枝状の無性芽を移動させているのはナメクジではないかと思ったのだ。ナメクジの粘液が無性芽を木肌に貼りつけるところさえ私たちは想像していた。そこでクレイグと私は、霧の朝になるとナメクジ狩りに出かけた。ナメクジを見つけるたびに、それをそっと持ち上げてお腹をきれいな顕微鏡スライドに触れさせる――指紋カードにまあるく押されたインクの指紋跡のように。それから、びっくりしているナメクジを見つけたもとの場所に戻すと、ナメクジはちょっとの間、死んだふりをしてからまたゆっくりとコケの上を渡り始める。容疑者の指紋を採った刑事のように注意深く、私たちはナメクジのお腹の跡を研究室に持ち帰り、顕微鏡で、粘液にコケの無性芽が含まれているかどうかを調べた。思った通り、ねばねばした膜には緑色の小片が含まれていた。これはいけるかもしれない。

ナメクジはコケのかけらを拾い上げることはできるようだ。だが、それがギャップに届くほどの距離を運ぶことはできるだろうか。ナメクジがコケを拡散させる能力がどれくらいあるかを測るために、私たちはちょっとしたレースコースを作った。軟体動物のための競走場だ。それは、ナメクジがゆっくり動くのが楽なように、表面がなめらかな細長いガラスの板でできていた。捕まえたばかりのナメクジを、ガラスの片方の端に、無性芽がいっぱいのヒメカモジゴケの群生の上に乗せて置く。ガラス板の上を動くナメクジの跡を辿って、無性芽が運ばれた距離を測定しようというのだ。サラブレッド種とチャーチルダウンズ競馬場で有名なケンタッキー州出身のクレイグは、競馬がその身に染みついているらしく、私たちは始まろうとするナメクジレースでお気に入りのナメクジを選んで賭けをし、「草競馬」の曲を口ずさみながら実験の準備をした。ドゥダー、ドゥダー。唯一の問題は、ナメクジはコケの上で至極満足げにじっとしているということだった。ちょっと動き回ってアンテナを伸ばしてみた後、ナメクジは後退し、浜辺で日光浴している小さなセイウチのようにじっと横たわって、私たちの期待にはお構いなしなのだった。ナメクジを興奮させ、コケからおびき出してガラスの上を横切らせる何かが必要なことは明らかだった。ナメクジはどうしたらやる気を出すのだろう。

私は園芸雑誌の熱心な読者で、夜、浅い皿にビールを入れた罠を置いておくと、レタス畑からナメクジをおびき出すことができるというのを読んだ覚えがあった。そこで私たちは、人間の文明の始まりからある誘惑を利用することにし、レースコースの反対側にこの美味しい飲み物を置いてみた。うまくいった。我らが被験者は、アンテナを麦芽の芳わしい香りのほうに向けて伸ばし、その怠惰な態度を改めるや、這い跡を残しながらご褒美に向かってガラス板を横切り始めたのだ。

レースのペースがゆっくりだったので、開始の号砲とゴールの間に昼食を食べに行く時間があった。実験の結果、ナメクジはその粘液でヒメカモジゴケの無性芽を運んでいるということがわかった。だがそのほとんどが、コケの群生から数センチの範囲内で落ちてしまっていた。ビールまで運ばれた無性芽は一つもなかった。私たちはがっかりして、ナメクジを森に帰し、コケの移動に彼らが果たしている役割は小さいだろうと結論した。無性芽がどうやって運ばれるのかは依然として謎だった。

数日後、あまりの暑さと湿度に、ナメクジをおびき寄せるのに使った例の物を持ってくればよかった、と思うような日のこと、私たちは倒木のそばに腰かけて、ハエをぴしゃりぴしゃりと叩きながら昼を食べていた。クレイグのピーナッツバターとジャムのサンドイッチが倒木の上に置いてあって、苺のジャムが少々はみ出していた。野外観測所のシマリスは大胆で、ピーナッツバターを食べ慣れている。生け捕り用の罠のドアをノックして、学生に寸法を測られるのを我慢するかわりにピーナッツバターのおやつを食べさせてくれと懇願するに近いほどだ。尻尾を高く掲げ、警戒しているときの耳の形をした一匹のシマリスが、まっすぐサンドイッチを目指して倒木の上を走ってきた。私たちは顔を見合わせてニンマリした。閃いたのだ。

翌日、私たちは再びヒメカモジゴケのための競走場を設営した。今回のレースは長距離で、片方の端にヒメカモジゴケの群生と参加を志願したシマリスを置き、その前に数メートル分の白い吸着紙を敷いた。籠の扉を開けると、シマリスは弾丸のように飛び出し、コケの上を通った後、レースコースを反対側の籠まで走った。身をよじらせてもがくシマリスを籠からつかみだしてよく見ると、お腹の毛と、湿ったピンク色の足の裏に、緑色のものが少々くっついていた。そして、吸着紙の上には、何メートルにもわたって無性芽の足跡がついていたのである。大正解！　無性芽を運んでいたのは、水でも風でもナメクジでもなく、シマリスだったのだ。シマリスに踏まれてごわごわした無性芽が折れ、その極小の葉はやわらかなシマリスの毛にゴボウの花のようにくっついて、シマリスの通り道にばら撒かれるのである。私たちはそのシマリスに心の底から感謝し、ピーナッツを持たせて森に帰したのだった。

忙しげなシマリスが地面を走ることはめったにないということを読者はお気づきかもしれない。かわりにシマリスは、岩、切り株、倒木などを伝ってできた曲がりくねった通り道を、まるで子どもの頃にやった「地面に足をつかないゲーム」のようにして通る。倒木は森の中を行く彼らの高速道路なのだ。何日も何日も、私たちは静かに座って、シマリスがヒメカモジゴケに覆われた倒木を通って行き来する様子を観察した。

シマリスは食べ物のあるところと安全な巣の間を行ったり来たりして、一日に何度もそれらの倒木を通った。シマリスは走り始めと終わりがはっきりしていて、時折急に立ち止まってはキラキラした目で敵はいないかと見回した。シマリスが立ち止まると、急ブレーキをかけた車が砂利を舞い上げるように、木の表面からコケが少々舞い上がるのに私たちは気がついた。どうやら、コケのじゅうたんのところどころにあった、道路にできた穴のような小さなギャップは、シマリスが日常的に作っているものらしかった。そして、行ったり来たりするたびに、その爪先からヒメカモジゴケの無性芽が少々運ばれるのだ。これが、探していたパズルのピースだった。そしてこれが、ヒメカモジゴケが倒木の上面にしか見られない理由なのだ。つまり、シマリスが行ったり来たりして、小さなコケに生息の機会を与える場所である。取るに足らないことが偶然に重なったところから秩序が生まれる、こんな世界に生きるというのは、なんと驚異的なことだろう。

時間とともに、風に倒された木はコケむした倒木となり、嵐の後には倒木の上にさまざまなコケのタペストリーができる。倒木を囲む森を形作った、それと同じ生物動態を映し出しているのだ。アスペンの種子は木を倒す強風に乗って運ばれ、新しい森を作る。ヨツバゴケの胞子は倒木の横面に地滑りによってできたギャップを緑で包む。キハダカンバは静かに、一本だけ木が倒れてできたギャップに根を下ろし、ヒメカモジゴケは倒木の上面の小さな空きスペースを埋める。すべての種に住処があり、パズルのピースはまるべきところにはまって、全体にとって不要な部分は一つもない。攪乱と再生のサイクル、回復の物語は、極小の世界でも同じように繰り広げられている。それは、コケ、菌類、そしてシマリスの足取りが織りなす運命の物語なのだ。

ヤノウエノアカゴケ　都会暮らしのコケ

都会のコケ

都会に住んでいる人も、コケを観るために休暇を取る必要はない。もちろん、山の上や、お気に入りのマス釣りの川にある滝のまわりのほうがたくさん生えていることは確かだが、コケはまた、常に私たちのまわりにもあるのだ。都会のコケは、都会暮らしの人間とよく似ている——種類が多く、順応性があって、ストレスに強く、公害にも負けず、混み合った環境で元気である。そして旅慣れている。

都会は、自然界にはめったにないさまざまな生息環境をコケに提供する。自然の中よりも、人工的な環境の中にはるかに豊富に生えている種類もある。キボウシゴケ属には、ホワイト・マウンテンの花崗岩の岩山と、ボストンコモンの花崗岩のオベリスクの見分けはつかない。自然界に石灰岩の岩壁は多くないが、シカゴの街角にはそれが必ずあって、その支柱やコーニス［訳注：洋風建築に見られる、壁の上部や各部を区切るための帯状の装飾］にはコケが満足げに鎮座している。彫像には水を溜める多種多様な隙間があって、そこにもコケがたくさん生えている。今度公園を散歩するときに、誰でもいいから、台座の上で腰かけている将官の風になびく外套の襞や、裁判所の前にある判事の像の大理石の巻き毛を覗

人工的な環境に多いキボウシゴケ属

いてみるといい。噴水の隅っこの水べりにもコケは生えているし、墓石に刻まれた文字に沿って生えているコケもある。

生態学者のダグ・ラーソン、ジェレミー・ルンドホルム、そして彼らの同僚たちは、都会で人間と共生する、ストレスに強い雑草のようなコケ類は、人間の歴史のごくごく初期からあったのではないかと推測した。彼らが提唱した「アーバンクリフ仮説」は、自然界の岩壁の生態系における動植物相と、都会に存在する壁面のそれとの間に、驚くほどの共通点があることを述べている。雑草、ネズミ、ハト、イエスズメ、ゴキブリなどの多くは、どれも断崖や崖錐の生態系に特有のものだから、それらが人間と都市を共有しようとするのも驚くにはあたらないかもしれない。都会のコケの多くは、自然のものか人工的なものかにかかわらず、突出した岩壁に典型的に見られる種類なのだ。私たちは都会の植物相を、都市が比較的最近できたのにともなって新たに発生した、貧弱な落ちこぼれの寄り集まりだと見下しがちだ。実際には、これらのコケと人間のつき合いの歴史は非常に古く、ネアンデルタール人以前の時代、コケと人間がともに洞窟や断崖住居で暮らしていた頃に遡る、とアーバンクリフ仮説は示唆している。人間は、都市を造る際に断崖の住まいのデザイン要素を取り入れ、我らが友もまた、私たちについてきたのだ。

確かに、都会のコケは森のコケのようにフワフワとやわらかなかたまりにはならない。都会という厳しい生育環境のせいで、コケのかたまりは小さく、住んでいる環境と同じように、ぎっしりと密集した硬いものになる。舗装道路や窓枠の乾燥した状況では、コケはすぐに乾いてしまう。乾燥を防ぐために、コケの茎はびっしりと肩を寄せ合い、限られた水分を分け合ってできるだけ長く保とうとするのだ。ヤノウエノアカゴケのコロニーはものすごく密集しているので、乾燥すると小さなレンガ、濡れていると緑色のベルベットのように見える。ヤノウエノアカゴケが最もよく見られるのは、駐車場の縁や屋根の上など、砂利混じりのところだ。古い車や打ち棄てられた貨車の錆びた金属部分に生えているのを見たことさえある。ヤノウエノアカゴケは毎年、独特の紫がかった胞子体を多量に作り、次なる裸の地面に胞子を送り出す。

都会であろうがなかろうが、一番どこにでも生えているコケはギンゴケだ。旅行先でギンゴケを見なかったことなど一度もない。ニューヨークの街中の舗装道路でも見かけたし、その翌朝にはエクアドル

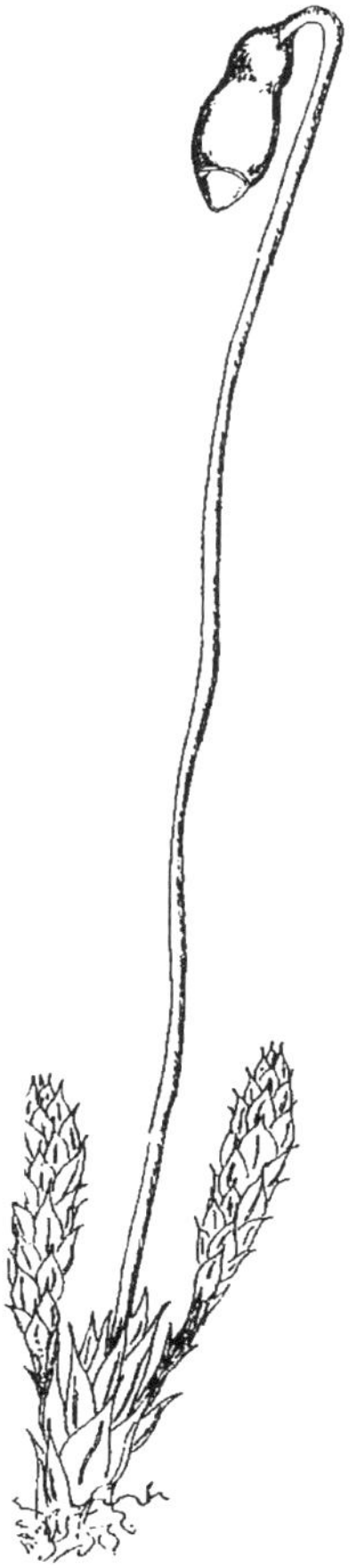

どこにでもいるギンゴケ

の首都・キトのホテルの窓から見える瓦屋根にも生えていた。ギンゴケの胞子は、地球全体を循環している胞子や花粉の雲を構成する成分の常連なのである。

あなたはおそらく、何百万というギンゴケの上を、それとは知らずに歩いていることと思う。ギンゴケは歩道の割れ目に生える典型的なコケなのだ。雨が降った後や、清掃作業員が水で歩道を洗った後には、舗装道路の亀裂の小さな渓谷に水がしばらく留まる。歩行者が落としていくゴミの養分と水が混ざって、割れ目はギンゴケには理想的な環境になる。ギンゴケの名前は、乾いているときの、光沢のある銀色から来ている。拡大鏡を覗くと、長さ一ミリに満たない丸い小さな葉には絹のような白い毛が生えているのが見える。輝く毛は太陽の光を跳ね返し、ギンゴケが枯れるのを防ぐ。条件が整えば、真珠色のギンゴケからは多数の胞子体が伸びて、胞子が空中プランクトンの中に放出される。そうやってニューヨークのギンゴケが香港に到着することもあるわけだ。けれどもそれよりもっとずっと一般的な拡散経路は、人に踏まれることである。ギンゴケの茎は先端がもろくて、実際、わざと折れやすいようにできている。折れた先端は歩行者にくっついて運ばれ、どこか別の歩道に根を下ろし、こうして街のいたるところにギンゴケがひろがっていく。

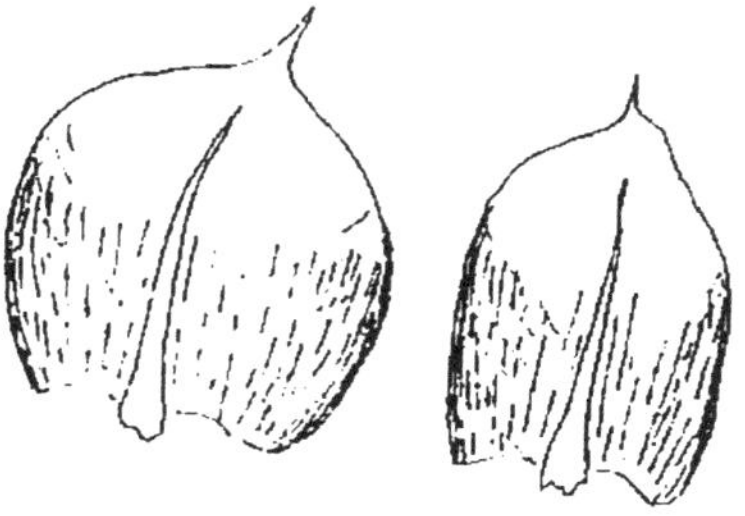

長さ１ミリに満たないギンゴケの葉

野生のギンゴケの生息地はかなり特殊で、それに似た環境が都市に多く見られる。都市の発達とともに、農業主体だった時代よりもギンゴケがずっと増えたことは間違いない。たとえば、野生のギンゴケの生息地の一つは海鳥の巣の中で、そこに溜まった鳥の糞に生える。都市でそれに当たるのがハトの糞で汚れた窓枠で、糞に混じってギンゴケの銀色の丸いかたまりができる。同様に、ギンゴケはアメリカ中西部のプレーリードッグや北極のレミングと関係が深く、巣穴の入り口に客を歓迎するドアマットのように生えて広がる。動物は自分の巣穴の入り口付近に排尿して自分の縄張りを主張するが、ギンゴケはそういう窒素の多い環境でよく育つ。そして、街中にある消火栓の根元も同様にギンゴケにとっては魅力的なのだ。

芝生もまたコケを見つけるにはいいところだ。ただし化学肥料が使われていない芝生であればの話だが。芝草の根元にはよく、ハネヒツジゴケ、ツクシナギゴケ、その他さまざまな種類のコケが草の間を這っている。

コケが嫌いな都会人

大学勤めの楽しみの一つに、地域の住民からの生物学に関する質問への対応がある。時折、名前を教えてくれと植物が送られてきたり、ある植物の利用法を尋ねられたりする。だが、何かの殺し方についての質問が多いのは悲しいことだ。同僚の土壌生態学者から聞いた話では、彼が書いた小冊子の説明にしたがって庭で堆肥作りを始めたご婦人が、パニック状態で電話をかけてきた。数週間経って、彼女が落ち葉や野菜屑の山の状態をチェックしたところ、怖ろしいことに虫やミミズがいっぱいだった、と言うのだ。それらをどうやって殺したらいいか、彼女はそれを知りたがった。

一度は私のところに、都会に家を持っている人から、芝生の庭に生えたコケを殺すにはどうしたらいいか、という電話がかかってきたことがある。彼が丹精込めて世話をしている芝生がコケのせいで枯れている、と彼は信じ込んでいて、仕返しがしたいと言うのだ。いくつか質問したところ、その芝生というのは家の北側の、カエデが深い影を落とすところにあることがわかった。電話の主の見たところ、芝生は元気がなくなってきており、前からあったコケは芝生が刈れて空いたスペースを乗っ取っていると言うのだ。コケには草を枯らすことはできない。コケには、芝生と競争して勝つ能力はまったく備わっていないのだ。芝生にコケが姿を現すのは、コケの成長のための条件のほうが芝草の成長の条件よりも整っているからだ。日陰が多すぎたり、あるいは湿度が高すぎたり、土壌が酸性すぎたり、土壌圧縮が起きていたり――こうしたことはどれも、芝草の成長を阻害し、コケが生える原因になる。コケを排除したからと言って、ひとつも病んだ芝草の助けにはならない。それよりももっと陽が当たるようにしたほうが良いし、残った芝草を引き抜いて、自然のまま、とっておきのコケの庭園を作るほうがさらに得策である。

ある都市でコケが豊富なのは、その地域の降雨量に負うところが大きい。シアトルとポートランドでは、私の知る限り最も豊かな都会型コケ植物相が見られる。木や建物だけではない。雨が多くて長い冬の間、コケはほとんど何にでも生える。以前私はよく、オレゴン州立大学の学生寮の前を通ったのだが、そこに一本の木があって、高い枝からたくさんの靴がぶら下がっていた。時々、靴の紐が腐ってスニーカーが歩道に落ちてくることがあると、靴は完全にコケに呑み込まれていた。

オレゴンの人たちは、コケに対して愛憎の絡み合った感情を持っているように見える。自分たちをモスバック［訳注：背中にコケが生えている、転じて極端に保守的な人のこと］と呼び、ビーバーやアヒルのような水生動物をマスコットにする大学のスポーツチームを応援することに市民の誇りを感じる人たちがいる一方で、コケの除去ビジネスが大繁盛だ。ホームセンターの棚には、Moss-OutとかMoss-B-GoneとかX-Mossといった名前の薬品が並び、ビルボードの広告は「小さくて緑でフワフワのそいつをやっつけろ！」と言う。こうした化学薬品は、いずれは川に流され、絶滅の危機に瀕するサーモンの食物連鎖に取り込まれるのだ。そして、除去してもコケは必ずまた生える。屋根葺きを仕事にする人たちは、家を所有する人たちに、コケは屋根板を傷め、いずれ雨漏りがするようになる、と信じ込ませてしまった。年に一度のお支払いで、コケを綺麗にして差し上げますよ。彼らに言わせると、コケの仮根が屋根板の小さなヒビの中に入り込んで、その劣化を早めるというのである。だが科学的には、この主張は肯定も否定もされていない。顕微鏡サイズの仮根が、しっかり作られた屋根に深刻な脅威を与えるとは考えにくい。ある屋根板会社の技術者は、コケが屋根板に被害を与えたのは見たことがない、と認めている。なぜ放っておいてやれないのだろう。

コケにとっては天国の気候なのだから、延々とコケの除去を続けるかわりに屋根を「生かして」おくのは、理想的な代案に思える。実際、屋根に生えたコケは、屋根板が強烈な日射しに晒されてヒビが入ったり反ったりするのを防いでくれる。コケは夏には冷却層となり、雨が降れば雨水が流れ落ちるのをゆっくりにしてくれる。それに、コケの生えた屋根は美しい。オウギゴケの黄金色のクッションや分厚いスナゴケの敷物のほうが、アスファルト製の屋根板が味気なく並んでいるよりずっと魅力的だ。それなのに私たちは、たくさんの時間とお金をかけてコケを排除する。きちんとした郊外の住宅地には暗黙の了解があって、コケの生えた屋根は、屋根板が腐っているばかりでなく、道徳的な退廃をも象徴しているとされるらしい。倫理観があべこべなのだ。コケの生えた屋根は、持ち主がメンテナンスの責任を果たしていないことを意味するようになってしまった。自然界で起きることと喧嘩するのではなくて、それと共に生きる術を見つけた人こそ、倫理的に優れているとされるべきではないのだろうか。私たちは、これまでとは違う美意識を持たなければいけないのだと私は思う。その家の主人が生態系を保持するためにどれほど責任を持って行動しているか、それを象徴するものとしてコケの生えた屋根を尊敬できるような。地球に優しければ優しいほどよいと思えるような。友好的なコケをこそげ落として裸になった屋根の家の主人が、近所の人たちの顰蹙《ひんしゅく》を買うような。

コケを招き入れる都会人

都会に住む人の中には、コケを排除しようとする人もいるし、コケを招き入れる人もいる。私がこれまで見たことのある最も見事な都会のコケの群生は、マンハッタンのとあるロフトにあった。私は普段、お気に入りのコケたちを見に行くときは、歩くかカヌーを漕いでいくわけなのだが、そのときは地下鉄に乗り、最終的にはエレベーターに乗って、ニューヨークの街のはるか頭上、五階のジャッキー・ブルックナーの家を訪ねたのだ。ジャッキーは小柄で物静かだが、光るものがあって、それが彼女を砂利の砂浜にある極彩色の小石のように、大勢の人の中でも目立たせる。その夏私が彼女を訪ねたのは、私たち二人とも、岩を相手に仕事をしていたからだった。

私の岩は、一万二〇〇〇年前に氷河によってウーシュポンドの岸辺に運ばれた、アディロンダックのアノーソサイト（斜長岩）。彼女の岩は最初、アルミニウム製の骨格の上からその形に沿ってガラス繊維の膜で覆ったものだった。ジャッキーは砂と砂利をセメントに混ぜ、その手でそこに山や谷を作っていった。それから、まだ乾いていない表面に土を乗せた。私の岩は、カエデの林冠から射し込む木漏れ日を浴び、夜の雨と、岩陰にマスが憩う小川から立ち上る霧が潤いを与える。ジャッキーの岩を照らすのはロフトの高い天井から吊るされた一連の白熱灯だし、水分を与えるのはタイマー仕掛けのスプレーシステムだ。岩は青いプラスチック製の水遊び用プールの中に置いてあって、スイレンの葉の下には金魚が隠れている。私の岩は#11Nと名づけられている。ジャッキーの岩の名前はプリマ。「最初の言葉」という意味の、プリマ・リンガ（Prima Lingua）の略だ。

ジャッキーは環境アートのアーティストである。彼女のロフトは、アイデアが視覚化されたもので溢れている。土と木の根と針金でできた巣のような椅子や、たくさんの足——農民が育てる綿花の下にあるのと同じ天然の粘土で型を取った、小作人たちの足。プリマ・リンガ——またの名を「最初の言葉」——が話すのは、地上の最初の言語、つまり岩の上を水が流れる音だ。高さ一八〇センチというプリマの迫力ある存在感はまた、水と養分の循環、生物の世界と無生物の世界の相互関連性といった、環境の中で起きる変化についても語っている。ジャッキーの作品は単なる「岩」と水ではない。それは、コケに覆われた、生きた岩なのだ。準備が整った岩の表面にはまず、マンハッタンの街角を見下ろして開け放たれた彼女の窓に飛んできたコケの胞子が付着した。最初にできたコロニーには、ギンゴケとヤノウエノアカゴケが含まれていた。それがどこから来たものであろうと、コケと岩は一緒にいるようにできている。ジャッキーはまた、散歩や旅行の途中でコケのかたまりを採集し、プリマと暮らせるようにと家に持ち帰った。適切な条件が整うと、元気なコケのコミュニティができ始めた。

プリマはまた、環境の回復を象徴してもいる。その美しさは見た目だけではなく、機能も備えているのだ。この生きた彫刻は、注がれる水を積極的に浄化している。コケは水に含まれる毒素を細胞壁に閉じ込めて水から取り除く能力が非常に高い。ジャッキーの芸術作品を、廃水処理と都会の川の保護に使う可能性が模索されているところだ。

ジャッキーと私は、拡大鏡を片手にプリマを念入りに眺め、さまざまなコケの分布パターンや、コケの葉の間を動き回るダニやトビムシを観察する。ジャッキーのアートの材料は原糸体や胞子で、彼女はそれらを熟知している。スケッチやインクと同じテーブルに小型顕微鏡が並び、作業台の前の壁には造卵器の絵が貼ってある。悲しいことだが、科学者の多くは、自然界の仕組みを理解する方法は自分たちだけが持っていると思い込んでいる。だがアーティストは科学者のように、真実は独占できるものだという幻想を持ってはいないように思う。コケのコミュニティが生まれるのを手伝っているうちに、ジャッキーは、岩の上でコケがどのように生えるかについて、私が知るどんな科学者よりもたくさんのことを発見している。私たちは深夜遅くまで話し込む――後ろでプリマがそうだそうだとつぶやくのを聞きながら。

汚染を測る生物測定器

車と煙突に囲まれた都会の住人は、日々、汚れた空気が健康に与える悪影響と向き合っている。息を吸うと、空気は深く吸い込まれ、さらに深く肺まで届く。細かく枝分かれした経路を通って、空気は、そこに含まれる酸素を待っている血流にだんだん近づいていくのだ。肺の中では、吸い込んだ空気と血液はたった一個の細胞で隔てられている。細胞は、酸素を溶かして受け取れるように、濡れて光っている。この、肺の奥深くにある薄くて湿った膜を通して、私たちの体は空気と一つになるのだ——良くも悪くも。都会に蔓延する喘息は、広く空気の質に問題があることを示している。都会のある地域でコケが健康かどうかもまた、空気の汚れ具合を反映している。コケと地衣類はともに、空気の汚れにとても敏感なのだ。かつてはコケに覆われて緑色だったのが、今では裸になってしまった街路樹がある。あなたの住む地域の木をチェックしてみるといい。コケの有無には意味がある。それは炭鉱のカナリアの役目を果たしているのだ。

コケは、より高等な植物と比べ、空気の汚染によるダメージをはるかに受けやすい。特に心配なのは、発電所が吐き出す二酸化硫黄だ。高硫黄の化石燃料を燃やす際にできる副産物である。草や低木や木の葉は細胞何層分もの厚みがあって、クチクラという、蠟でできた層で覆われている。が、コケはそんなもので護られてはいない。コケの葉はわずか細胞一個分の厚さしかないので、人間の肺の繊細な細胞と同様に、空気に直接触れることになる。空気が綺麗なところではこれは利点だが、二酸化硫黄で汚染されているところではこれは破滅的だ。コケの葉は肺胞とよく似ていて、濡れていないと機能しない。この水の膜によって、光合成が作る有益な気体である酸素と二酸化炭素が交換されるのだ。だが、二酸化硫黄はこの水の膜に触れると硫酸に変化する。車の排気ガス中の亜酸化窒素は硝酸に変化し、葉を酸で包む。クチクラという防護膜がないので、葉の細胞は死に、生気のない白っぽい色になる。ほとんどのコケはこうした厳しい条件下ではいずれは枯れてしまい、空気の汚れた都会からは、コケはほぼ姿を消す。工業化が始まって間もなく都会からはコケが消え始め、現在も空気の汚染が激しいところではコケは減り続けている。空気の汚染がひどくなるにつれて、かつて都会に繁殖していた三〇種類にのぼるコケが姿を消してしまった。

空気汚染に対する敏感さのおかげで、コケは汚染を測る生物測定機として役に立つ。コケの種類によって、耐えられる汚染のレベルが異なり、その反応の仕方は非常に一貫しているのだ。空気のクオリティを測るのに使えるのは木に生えるコケだ。たとえば、カラフトキンモウゴケが直径一センチくらいの円形に生えている木があれば、空中の二酸化硫黄の濃度は〇・〇〇四ppm未満だということがわかる。このコケは汚染に非常に弱いのだ。都会のコケを研究してい

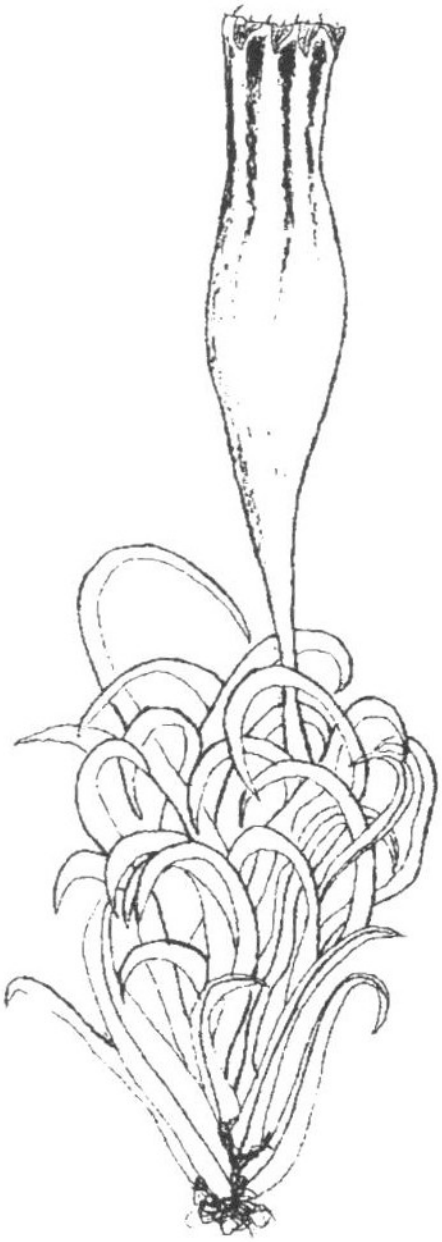

汚染に弱いカラフトキンモウゴケ

ネイティブアメリカンとコケ

ネイティブアメリカンの教え

セージの葉を燃やす匂いがした瞬間に、私の意識の表面に立ったさざ波は静まり、まるで、陽の光に照らされた透明な水の中深く覗き込んでいるような気持ちになる。一筋の煙とともに祈りをつぶやく声がまわりで聞こえ、その一言一言が私の中に響く。叔父のビッグ・ベアは、昔からのやり方でセージを焚く。セージの煙の力を借りて、思いを創造主に届けるのだ。私たちにとって神聖なこの木の煙は、思考が具現化したものであり、叔父の思考を吸い込むのはとてもありがたいことだ。

ビッグ・ベアの声は小さい。一日かけて、シエラ山脈の麓に打ち棄てられた学校の建物の使用許可を得る交渉のために町まで行ってきたので、疲れているのだ。政府のお役所仕事と伝統的な生き方の二足のわらじを履いている叔父を、私は尊敬する。叔父はこの地域の子どもたちのために、これまでとは違った形の学校を開くという構想を持っている。そこでは根本的なことを教えるのだ。魚を捕るための川の読み方。食べられる植物の採集の仕方、そして、そうやって与えられたものを尊重して生きるにはどうしたらいいのか。叔父は現代教育の価値を認めているし、孫の成績がオールAなのを誇りに思っている。だが叔父は、問題を抱える家族を相手にした仕事の中で、相手に敬意を持った関係について学ばないことの弊害を毎日のように目にしているのだ。

ネイティブアメリカンのものの考え方では、すべての生き物にはそれぞれの役割があるとされる。生き物はそれぞれ、特有の才能と知恵、魂、物語を生まれながらにして持っている。私たちに伝わる言い伝えでは、それらは最初の指示として創造主が与えたものである。自分の中にあるそういう賜を発見し、それを上手に使うことを学ぶ、ということが、教育の根幹にある。

こうした賜にはまた、それを手段として互いのために尽くす責任がともなっている。歌という賜を与えられたモリツグミには、夕べのお祈りをさえずる責任がある。カエデは甘い樹液という賜と一緒に、空腹の季節に人々にその賜を分け与える責任を与えられている。これが、長老たちが口にする、私たちすべてを繋ぐ「互いに恵みを与え合うクモの巣」なのだ。この創世神話と私の科学者としての修練の間に、私は何の不和も感じない。生態学的共同体の研究の中で、この互恵関係を常に目にしているからだ。セージには、ウサギのためにその葉に水分を吸い上げたり、ウズラの雛を護ったりする務めがある。セージはまた人間にも恩恵を与えてくれる。私たち人間が頭の中から邪悪な考えを取り除き、善良な思考を持てるようにするのを助けてくれるのだ。コケは、岩を包み、水を浄化し、鳥の巣にやわらかさを添える。そこまでは明らかだ。だが、コケが人間に分け与えてくれているものとは何だろう。

仮に、植物にはそれぞれ特定の役割があり、人間の生活に関係しているのだとしたら、私たちはどのようにしてその役割を知るのだろう。その植物が持っている賜を生かして使うにはどうすればいいのだろうか。古来、先祖たちから伝えられた生態学に関する知見は、科学の双子の兄弟とも言えるもので、数えきれないほどの世代にわたって口承で受け継がれてきたものだ。草原で一緒に木の実などを摘む祖母から孫娘へ、川の岸辺で釣りをしている叔父から甥へ、そして来年には、ビック・ベアの学校の生徒たちへ。だがそれは、もともとはどこから来たものなのだろう。お産のときにどんな植物を使い、狩人の匂いを隠すには何を使えばよいのか。科学と同じで、伝統的な知識も、慎重な、体系立てた自然の観察と、数えられないほどの「生きた」実験の結果から得られるものだ。伝統的な知識は、地元の土地と慣れ親しむことに根ざしている。土地そのものが教師なのだ。植物に関する知識は、動物が何を食べるか、クマがユリ根を掘り起こし、リスがカエデの木から樹液を取り出す様子を観察することから得られる。注意深く観察すれば、植物はその賜を見せてくれるのだ。

衛生的な都市型の生活は、私たちを支えている植物から私たちを切り離してしまった。植物が持っている役割は、幾重にも重なった市場活動とテクノロジーの下に隠れてしまっている。フルーツループ［訳注：シリアルのブランド名］の箱の中からは、トウモロコシの葉がサラサラと鳴る音は聞こえない。ほとんどの人は、薬用植物の役割を自然の中から読み取る力を失い、そのかわりに、不正開封防止装置つきのエキナセアの瓶に表記された「使用法」を読む。この変わり果てた姿が、あの紫色の花だとは誰にもわかるまい。私たちはもはや植物の名前すら知らない。平均的な人が知っている植物の名前はせいぜい一二、三種類で、しかもその中には「クリスマスツリー」などというものが含まれていたりする。名前を忘れるというのは敬意を失うことに繋がる。植物との繋がりを取り戻すには、その名前を知ることが第一歩だ。

私はとても幸運だった。子どもの頃から植物と親しみ、小さな野生のイチゴで指先を真っ赤にしながら野原を歩き回った。私の編む籠は未熟だったが、柳の枝を集めて小川に浸すのが私は大好きだった。母は私に植物の名前を教えてくれたし、父は薪にするのに最も適した木はどれかを教えてくれた。だが大学で植物学を学ぶために家を離れたとき、私の関心は変化した。私は植物の生理と生体構造、生息分布、細胞生物学を徹底的に学んだ。また、植物が昆虫、菌類、野生動物とのような関係を持っているかについて念入りに勉強した。だが、人間のこと、特にネイティブアメリカンについては一切口にしなかったと思う。私の大学は、イロコイ連邦の中心であるオノンダガ族の先祖伝来の土地にあるにもかかわらず、である。偶然か意図的にかは定かではないが、教わった物語の中からは人間の要素は念入りに取り除かれていた。人間関係が含まれると、科学の地位が貶《おとし》められるかのような印象があった。だから、オノンダガ族の土地の植物観察の授業を一緒にやらないかとジーニーに言われたとき、私は初め気乗りがしなかった。残念ながら私が教えられるのはせいぜい、植物の名前と生態学的説明だけだ、と私は白状した。ジーニーが、私がこの授業に提供できる科学的な知識を大切だと思っていることは後でわかったが、もちろん、私は自分が教えるよりもたくさんのことを学ぶ結果になったのだ。

私はよい教師に恵まれている。オノンダガ族で、伝統的なハーブの専門家、かつ助産師であり、私にとっては友であり師でもあるジーニー・シェナンドアが教えてくれたことには感謝している。彼女は物事に動じない人で、しっかりと地に足を着けて行動する。私たちはやがて、素晴らしいパートナーシップを組んで教えることができるようになった。見つけた植物について、私が生物学的観点から知っていることを教え、彼女はそれが伝統的にどのように使われてきたかを教える。彼女と並んで歩きながら、出産の前後に役立つクランプバークの小枝や、軟膏を作るのに使うポプラの芽を切り取っているうちに、私は森をそれまでとは違った形で理解するようになっていった。それまでの私は、植物と周囲の生態系との間にある複雑な繋がりを夢中で勉強していた。だが、クモの巣のような関係性の網に、外から眺めている観察者という位置づけ以外で私自身が含まれていたことはついぞなかった。だが私はジーニーから、私の家がある丘のてっぺんのアメリカザクラから採れたシロップで娘の咳を止め、私の池の岸で採ったヒヨドリバナで熱を冷ますことを学んだのだ。夕食のための葉野菜を摘みながら、私は子ども時代に持っていた森との関係を取り戻した――参加し、互いに与え合い、感謝し合う関係を。バターで炒めた良い匂いのする熱々の野生のリーク（西洋ネギ）でお腹いっぱいのときに、その土地に対して学者然と距離を置くことなどほとんど不可能だ。

私がコケの生態に夢中になって長いが、私たちの出会い方はよそよそしいものだったことがわかる。私たちは理性という次元で出会ったのだ。コケは私にその生活について教えてくれたが、私たちの暮らしは交わってはいなかった。コケのことを本当に知るためには、世界の始まりに彼らにどんな役割が与えられたのかを知る必要がある。創造主は彼らに、人間の役に立つために彼らに与えられた賜について、何を囁いたのだろうか。私はジーニーに、彼女の部族の人々はコケをどんなふうに使ってきたのか尋ねたが、彼女は知らなかった。薬や食べ物ではないことはたしかだった。コケが互恵のクモの巣の一部には違いないことがわかっていても、直接の繋がりを失って何世代も経ってしまった私たちに、どうすればその答えがわかるだろう。ジーニーは、人間がそれを忘れてしまっても、植物は今でも覚えているということを教えてくれた。

昔ながらの考え方によれば、ある植物に与えられている特有の賜を知る方法の一つは、その現れ方と消え方に敏感になることだ。すべての植物を、意志を持った生き物と見なすネイティブアメリカンの世界観にしたがって、植物は、それが必要とされているときと場所にやってくる、とされている。自分の役割を果たすことができる場所を探し出すのだ。ある年の春のこと、ジーニーが、彼女の家の生け垣の古い石壁に沿って現れた新しい植物のことを話してくれた。キンポウゲやゼニアオイに混じって、青いクマツヅラの大きな茂みが生えていたのだ。それがそこに生えたことはそれまで一度もなかった。雨が多かったために土壌の質が変化して、クマツヅラに適するようになったのでは、と私は一説を唱えた。ジーニーがいぶかしげに片眉を上げてみせたのは覚えているが、礼儀正しい彼女は私の誤りを正すことはしなかった。その夏、彼女の義理の娘が肝臓の病気と診断され、ジーニーのところに助けを求めてやってきた。そして、肝臓にはまたとない薬であるクマツヅラが、生け垣の中で待っていたのである。繰り返し繰り返し、植物は必要とされるときに現れるのだ。こうしたパターンの中に、コケがどんなふうに使われていたかを教えてくれるヒントがあるのではないか。コケは、日常的な風景の一部として、いたるところに生えているが、あまりにも小さいので私たちはその存在に気づかないことも多い。植物が使う象徴的な言語においては、これは人間の住処におけるコケの役割を説明しているのかもしれない。小さな、控え目な役割だ。そして、なくなって一番困るのは、日常的に使っている小さなものであったりする。

コケの使い方

ビッグ・ベアとその他の長老たちにもコケの使い方について尋ねてみたが、何もわからなかった。現在の長老たちとコケを利用していた世代の間にはあまりにも長い年月が流れ、その間、政府による同化が行われすぎていた。知識が使われなくなったことで、多くのものが失われてしまったのだ。そこで私は、正しい研究者なら誰もがするように、図書館に出かけた。アーカイブに保管された人類学者のフィールドノートを読み漁ってコケとの繋がりの古い記録を探し、古い民族誌を読んで、直接尋ねることができたなら昔の人は何と答えるか、その手掛かりを見つけようとした。こうした古い書物が、セージの煙と同じく、彼らの思考が目に見える形になったものであることを私は願った。

植物を集めてまわり、植物の根や葉で籠をいっぱいにするのが私は大好きだ。エルダーベリーの実が熟れた頃とか、たっぷり油を含んでベルガモットが熟した頃など、大抵は特定の植物を念頭に置いて採集に行く。だが本当は、ぶらぶらと歩くことそのものが、何か他の物を探しているときに思いもかけないものが見つかったりするのが楽しいのだ。その感覚は図書館でも同じだ。それはベリーを摘むのと本当によく似ている――穏やかな本の草原で何かを探して意識を集中する。そして、どこかの茂みの中に隠された知識には、見つける価値があるのだ。

私はネイティブアメリカンの言語の辞書をめくり、コケを指す土着の言葉が記録されているかを調べた。コケが日常的に使われる語彙の中にあるならば、コケの使用も日常的なものだっただろうと推測したのだ。さまざまな学術団体による、ほとんど世に知られていない記録の中には、一つどころか多数の言葉が見つかった。コケを指す言葉、木のコケ、ベリーのコケ、岩のコケ、水のコケ、そしてハンノキのコケを指す言葉。私のデスクの上の英語辞書には、コケを指す言葉は一つしかない。二万二〇〇〇種のコケを一緒くたにしているのだ。

コケはあらゆる生育環境に生え、人が名前をつけたわけだが、人類学者が書き起こした記録にはほとんど、まったくと言っていいほど出てこない。あまりにもチョイ役だったので、その存在を報告する価値がなかったのかもしれない。あるいは、記録した人に、疑問を持つだけの知識がなかったのかもしれない。たとえば、ロングハウス［訳注：東南アジアに多く見られる、長大な家屋］からウィグワム［訳注：ネイティブアメリカンの伝統的なドーム型住居］まで、家を建てる様子については、厚板の切り出し方から屋根板の葺き方など、建築方法のさまざまな詳細とともに記録されている。だが、丸太と丸太の間の隙間を埋めるのにコケが使われたことはほとんど触れられていない。それはわざわざ書き記すほどのことではないのだ――木枯らしが吹き始めるまでは。首筋に氷のように冷たい風が当たれば気がつかないわけにはいかない。

びっしりと生えたコケが持つ保温性は、手足の指を冬の寒さから護るのにも役に立った。次から次へと記録を読んでわかったのは、北方の部族の人たちは、冬のブーツや手袋の内側を柔らかいコケで覆って、断熱層を一枚追加する風習があったということだ。有名になった五二〇〇年前のミイラ、「アイスマン」がチロル地方の溶けた氷河の中から発見されたとき、彼のブーツにはコケが一杯に詰まっていた。その中にはヒラゴケの一種が含まれていたが、実はこのコケが、アイスマンがどこから来たかを知る重要な手掛かりとなった。なぜならこれは、六〇キロほど南の低地の谷にしか生えないことがわかっていたからである。北方林ではハイゴケ科のコケがトウヒの根元を毛布のように覆い、その暖かなクッション性が寝具や枕に利用されていた。「近代植物分類学の父」リンナエウスは、ラップランド地方に土着のサーミ族の人々の土地を旅したとき、スギゴケ属のコケでできた携帯用毛布で寝たと書いている。ハイゴケで作った枕で眠る人は、特別な夢を見ると言われた。実際、ハイゴケ属の*Hypnum*という名前は、トランスのような状態を引き起こすこの効果を示している。

装飾のためにコケを籠に編み込んだり、コケをランプの芯にしたり、皿洗いに使ったりしていたことも読み取れる。人々がコケの存在に気づいていなかったわけではなく、コケが日常生活で使われていたことを示す、こうしたちょっとした記録が見つかったのは嬉しかったが、同時に私は失望もした。そこには、コケが創造主からの特別な贈り物であることも、コケ以外の植物には果たすことのできない、コケならではの役割についても一切書かれていなかったのだ。なんとなれば、乾いた草でもブーツの断熱材にはなるし、柔らかな寝床は松葉でも作れるのだから。私はもっと、コケらしさの本質を反映するような使い方の記録が見つかることを期待していた。大昔の人々が、私と同じようにコケを理解していたと思いたかったのだ。

図書館で多少の前進はあったものの、私は直観的に、図書館で見つかった物語にはまだ続きがあると感じていた。どんな方法で何かを知るにしろ、それには長所と短所がある。掻き集めた本の山の陰に隠れて一息つきながら私は、雪が溶け、冬の間地面に積もったままの落ち葉を突き抜けて新芽が姿を現すやいなや、ジーニーと一緒に植物観察に出かけたときのことを思い出した。花の咲いている植物で最初に見つけたものの一つは、オノンダガ・クリークの砂利混じりの岸辺に生えるフキタンポポだった。植物学者は、フキタンポポが三月の川べりを好むのは、生理学的な必要性のため、あるいはフキタンポポが競争に耐えられないからだ、と説明するかもしれない。おそらくその通りだろう。だが、オノンダガ族の考え方によれば、フキタンポポがここに生えるのは、それが役に立つ場所に近いからだ。薬は病気の源に近いところにあるのである。長い冬が終わり、氷が溶けた直後の流れる川の水は、子どもたちにとって抗いがたい魅力を持っている。子どもたちはざぶざぶと水に入り、水を跳ね上げ、棒を流して競争し、ずぶ濡れになるが、すっかり体が冷えていることにはとんと気づかず、家に帰って、夜中に咳で目を覚ます。フキタンポポのお茶は、まさにそういう、小さな子どもが足を濡らした結果の咳によく効くのだ。ネイティブアメリカンの植物に関する知識では、ある植物にどんな使い途があるかは、それが生える場所から知ることができると信じられている。たとえば、薬草は病気の原因となるものの近くに生えることが多いというのはよく知られていることだ。ジーニーの言葉には、科学的な説明を否定する内容は一つもない。それは、フキタンポポは川辺に「どのように」生育するか、という問いを超えて、「なぜ」という問いに拡大する。植物生理学にはついてこられない領域に踏み込むのだ。

ある植物の存在理由は、それが生える場所から読み取ることができる。森の中を歩き回っていて、険しい傾斜面を登ろうとして誤ってツタウルシをつかんでしまったときには、私はこのことを思い出し、すぐにもう一つの植物を探す。ツタウルシが生えている付近の湿った土壌には、驚くほどの忠実さでツリフネソウが生えている。手のひらで水気の多い茎を潰すと、気持ちの良い音とともに分泌液がほとばしり出て、私はその解毒薬を手のひらに塗りたくる。するとツタウルシの毒が中和されて、かぶれなくて済むのだ。

そんなふうに、植物がその生える場所によって使い途を教えてくれるのだとしたら、コケは何を伝えようとしているだろう。コケの生息場所を考えてみると、湿原だったり、川の岸辺だったり、サーモンが上ってくる滝の飛沫のかかるところだったりする。それでもヒントが足りなければ、雨が降るたびにコケはその特質を露わにする。コケには生来、水との親和性があるのだ。乾いてカサカサのコケが、雷雨の後、水を含んで膨らむのを見るといい。そのことは、図書館で見つかるどんな言葉よりも直接的な言葉で、コケの役割を教えてくれているのである。

おむつやナプキンに使われたコケ

一九世紀の人類学においてコケに関する情報が少ないのは、土着の民族の共同体を観察したのはほとんどが上流階級の紳士だったという事実に起因しているかもしれない。彼らの研究対象は、彼らの目に見えるものに集中した。そして彼らの目に見えるものとは、彼らがどういう世界からやってきたかによって条件づけられていた。彼らのフィールドノートは、狩猟、漁獲、道具作りなど、男性が行う作業についての記録でいっぱいだった。一度、銛の刃先の裏に詰める詰め物として、コケが武器の一部として登場したときには、それは非常に詳細に描写されていたものだ。そうして、これ以上探すのを諦めようとした矢先に、私は見つけた。一つだけある記録項目を。その文章の短さからは、書いた人が顔を赤らめている様子が目に浮かぶほどだ――「コケは、おむつおよび生理用ナプキンとして広く使用されていた」。

この、たった一文に込められた記録の裏側にある複雑な関係を想像してみてほしい。コケの最も重要な使い途であり、その最良の賜を映し出す役割とは、女性たちが日常的に使うものだったのだ。上流階級出身の民族誌学者の殿方が、赤ん坊の世話、とりわけおむつという、地味な、だが避けることのできない問題の詳細を追求しなかったとしても私は驚かない。だが、部族の生き残りにとって、赤ん坊が健康であること以上に不可欠なことがあるだろうか。今は使い捨ておむつと殺菌用おしり拭きの時代だから、こうしたテクノロジーを使わずに赤ん坊の世話をすることは想像しにくい。おむつをさせずに一日中赤ん坊をおんぶしているところを想像しようとすれば、困った映像が目に浮かぶ。私たちの祖母のそのまた祖母が、きっと何か巧妙な解決法を編み出したであろうことは間違いない。そしてこの、家庭生活における最も根本的な部分で、コケが大いに役立ったのだ。控え目なやりかたで。

赤ん坊は、乾いたコケの気持ちの良いかたまりに包まれてクレードルボード［訳注：北米先住民が子どもを背負うのに使った木枠］に入れられた。ミズゴケは、その体重の二〇倍から四〇倍の水を吸収できることがわかっている。これは紙おむつの吸収力にもひけを取らない。つまりミズゴケは最初の使い捨ておむつだったのだ。当時の母親たちにとってミズゴケを入れた袋は、おそらく、今日どこにでも見られるおむつ用バッグ同様、なくてはならないものだったことだろう。乾燥したミズゴケがたっぷり持っている空気穴が、赤ん坊の肌からおしっこを逃がす。湿原で水分を吸い上げるのと同じことだ。酸性で収斂性があり、若干の殺菌作用を持つという特徴が、おむつかぶれを防ぎさえした。フキタンポポと同じように、この吸収性のあるコケの一群は、身近な場所、母親が膝をついて赤ん坊を洗うような、浅い水溜まりの縁に生えた。必要とされるところを選んで生えるのだ。新千年紀の初めに生きる母親として私は、私の娘たちが、柔らかなコケの肌触りを一度も感じたことがなく、紙おむつからは決して得ることができない、この世界との繋がりを構築できなかったことを残念に思う。

多くの伝統的な文化において「ムーンタイム」と呼ばれる月経の期間中も、女性の生活とコケは深く結びついていた。乾燥したコケは、広く生理用ナプキンとして使われていたのだ。これについても民俗学的な資料は少ない。月経期間中の女性が隔離される小屋で何が起きているか、男性には知りようがなかったからだ。私は、こうした小屋は同時に月経を迎える女性たちの集会場だったと想像する。人工的な照明の干渉なしに夜空の動きの影響を受ける共同体では、そういうことが起きるのだ。従来の人類学的常識では、月経中の女性が日常生活から隔離されるのは彼女たちが不浄であったからだとされる。だがこの解釈は、人類学者たちの文化的先入観から来ているのであって、ネイティブアメリカンの女性たち自身がそう言っているのではない。彼女たちの話はそれとは違っているのだ。ユロック族の女性たちはそれを瞑想の時間と描写し、ムーンタイムの女性たちだけが沐浴を許される山の中の泉のことを話してくれる。イロコイの女性たちは、ムーンタイムの女性の活動が禁じられるようになったのは、この期間の女性は霊的なパワーが最も高まり、彼女たちのパワフルなエネルギーの流れが周囲のエネルギーのバランスを崩してしまうからだったと語る。いくつかの部族では、月経中の隔離は霊的な浄化と修練のための期間で、男性がスウェット・ロッジ［訳注：ネイティブアメリカンの「治癒と浄化」の儀式］という修練を受けるのと同じことだった。隔離小屋に置かれたものの中には、その目的のために細心の注意を払って集められたコケを入れた籠があったに違いない。女性たちがいろいろな種類のコケを見分けることに長けていて、それぞれの特徴を熟知し、リンナエウスよりもずっと早くに詳細な分類法を確立していただろうことは、避けがたい結論に思える。キリスト教の布教にやってきた善良な女性たちはこの習慣にゾッとして顔をしかめたことだろうが、煮沸消毒した白い布を使うようになる過程で、何かが失われてしまったのではないかと私は思う。

調理に役立つコケ

私はまた別の民族誌を見つけた。これは、エルナ・ギュンターという女性が書いたものだ。それには女性たちの仕事についての観察、特に調理のことがたっぷり書かれている。コケはそれ自体食物としては利用されていなかった。私も味見をしたことがあるが、苦くてザラザラで、一口味わえばコケ料理を作ろうという気は失せてしまう。だが、直接食べることはなくても、雨が多くてことさらコケが豊富な太平洋岸北西部の部族にとっては、コケは調理のプロセスの一部として重要だった。コロンビア川の流域では、サーモンとヒナユリの根の二つが主食で、二つとも、人間の生命を維持する力があるとして崇拝されており、そして二つともコケと関係がある。

サーモン漁は通常、家族全員が力を合わせて行う行事だ。捕獲そのものは男性の管轄で、女性はアルダーウッドの木の焚き火の上でサーモンを乾燥させるための下ごしらえをする。部族は乾燥させたスモークサーモンを一年中食べるので、品質と安全性を確保するために、この準備は慎重にしなければならない。乾燥の前にまず、獲れたばかりのサーモンのぬるぬるした膜を拭き取る。そうすることで、混ざっているかもしれない毒素を取り去り、乾燥したときに魚が縮んでしまうのを防ぐことができる。そして昔は、サーモンを拭くのはコケだったのだ。チヌーク語を話す部族に関する民族誌は、女性たちが、サーモンが上がってきたときに十分なだけの大量の乾燥ゴケを箱や籠に入れて、保管していたと書いている。

太平洋北西部沿岸でもう一つの主食とされているヒナユリの調理にも、コケが役に立った。ヒナユリ（学名 *Camassia quamash*）はユリ科に属し、春になると波のように藤紫色の花が咲く。ヒナユリが咲く湿原は、ネ・ペルセ族、カラプーヤ族、ユーマティラ族などを含むネイティブアメリカンの部族が大切に世話をした。野焼きをしたり、雑草を抜いたり、土壌を掘り返したりという手入れのおかげで、広大なヒナユリの畑ができた。ルイス・クラーク探検隊の報告書には、ヒナユリの花の咲く湿原があまりにも広大なので、遠くからは、青い湖がキラキラ輝いているものと思ったとある。探検隊は険しいビタールート・マウンテン越えをかろうじて終えたところで、餓死寸前だった。ネ・ペルセ族は、冬のために蓄えてあったヒナユリを彼らに食べさせ、彼らの命を救ったのである。

地中にできる球根はデンプン質を含んでカリカリしており、生のジャガイモに似た味がする。生で食べることはあまりなく、手の込んだ調理法で、糖蜜のように甘い、濃いペースト状のものにする。球根の調理にはまず、地面に穴を掘って、焼いたり蒸したりするためのかまどを作る。土を掘ったかまどに熱した石を敷き詰め、その上にヒナユリの球根を何層にも重ねて並べる。その上から、濡らしたコケをマットのようにかぶせ、そうやってヒナユリの球根とコケを交互に重ねていく。それから、かまど全体の上からシダを被せ、その上で火を熾し、一晩中燃やし続ける。濡れたコケから蒸気が出てヒナユリの球根に行き渡り、球根はこんがりと深い茶色に焼き上がる。かまどを開いて冷ましたら、蒸し焼きになったヒナユリを、食パンやレンガのような形にして保存するのである。ヒナユリは一年中食用にされ、コケとシダで梱包されて、米国西部では広く売買されていた。

今日でも、西部の部族の間では、ヒナユリは儀礼用の食物だ。ニューヨーク州北部地方に暮らすオノンダガ族は、一つひとつ順番に姿を現す植物に感謝を捧げる儀式で一年を区切る。最初はカエデ、次にイチゴ、豆、そしてトウモロコシ。一〇月にはカリフォルニアのビッグ・ベアのところで、ドングリに感謝する祝祭がある。私の知る限り、コケのための特別な儀式は存在しない。この小さな、ありふれた植物に感謝するには、小さな、ありふれたやり方が相応しいのかもしれない。赤ん坊を抱きかかえ、私たちの血を受け止め、傷口を止血し、寒さを防ぎ――私たちもまたこうやって、世界の日常に参加することで自分の居場所を見つけるのではないだろうか。

ネイティブアメリカンの人々は、大きいものも小さいものも含めた植物が、再び人間に恵みを与える責任を果たしてくれたことに感謝を捧げるために集う。植物に敬意を表してタバコに火が点けられる。私の部族の考え方では、タバコは知識を運んでくる。同時に、知識にいたるいくつもの道を大切にすることも大切だと私は思う。口頭伝承から学べること。書かれたものの中から学べること。植物から学べること。そして、私たち人間もまた、私たち自身が果たすべき役割を意識してもいい頃だ。互恵というクモの巣において、私たちが持つ特別の力、お返しに私たちから植物に差し出せるものとは何なのだろう。

人間の役割とは、尊敬することと管理することとである、と昔から私たちの教師であった植物は教えてくれる。植物と、土地のすべてを、生命を寿《ことほ》ぐ形で世話することが私たちの責任であると。植物を利用することは、その性質に敬意を表すことである、と私たちは教わる。そして私たちは、その植物がその恵みを与え続けることができるようなやり方でそれを使うのだと。神聖なセージの役割は、思考を創造主に見える形にすることだ。私たちには、この教師から学び、尊敬と感謝という思いもまた世界の目に見える形になるような、そんな生き方をすることができるのだ。

ミズゴケ　湿原に光る緑色のじゅうたん

ミズゴケの驚くべき生態

陽の当たる湿原で一人で踊っていると、足元の地面がゆっくりとした波のようにうねる。船酔いしたように、私の足はちょっとの間、空中を彷徨い、足を降ろしてしっかり立てる場所を探す。一歩進むごとに新たなうねりが起きて、まるでウォーターベッドの上を歩いているようだ。私は自分を安定させようと手を伸ばしてアメリカカラマツの枝をつかむが、すでに同じ場所に長く立ちすぎていたので、冷たい水が足首まで上がってきた。沼の中に沈み込んでいく足を、ゆっくりとした、吸いつくような音とともに引きずり上げると、私の足はふくらはぎの真ん中まで黒い泥に覆われている。ブーツをエスカー［訳注：小石・砂などが堆積した細長い堤防状の地形］のてっぺんに置いてきてよかった。何年か前の調査旅行のときに私がなくした古ぼけた赤いスニーカーは、沼のどこか深いところに沈んでいる。今では私は裸足でここを歩く。履き物を盗む癖を別にすれば、ゆらゆら揺れる湿原は八月の午後を過ごすのにぴったりだ。

湿原を円形に縁取る木々が、森と湿原を隔てている。丸く生えたミズゴケが、暗いトウヒの森を背景に、蛍のように緑色に光る。年寄りたちが口にする、見えるものの世界と見えないものの世界が、ここではごく近いところで共存している――陽の当たる湿原の表面と、暗い沼の水底。ここには、目に見える以上のものが隠されているのだ。

私の祖先たちが暮らした土地には、五大湖一帯の森に混じって、釜状《かまじょう》凹地《おうち》の沼が点在している。アニシナーベ族の人々は儀式にウォータードラムを使うが、これは大変に神聖なもので、一般の人に見せてはいけないことになっている。木でできたボウルに聖水を満たし、その上から鹿の皮を張ったウォータードラムの音は、「水、宇宙、創造物、そして人間の鼓動を表す」とされる。木のボウルは植物を、鹿の皮は動物を、そして中の水は母なる地球の生命を称える。ドラムを縛る輪は、あらゆるものがその中で動く円を象徴している――誕生、成長、死、季節の循環、一年という輪。

ミズゴケの生えた湿原ほどコケの存在が目立つ生態系は他にない。ミズゴケは、地球上のどんな属よりも活性炭素を多く含む。陸上の生息環境では、コケは維管束植物に隠れてしまってあまり目立たないが、湿原ではコケが君臨する。ミズゴケやピートモスは、湿原で大いに繁茂するばかりか、湿原を生成するのが彼らなのだ。酸性で、水浸し状態の環境は、ほとんどの高等植物には適さない。ミズゴケのように、その驚くべき性質を利用して周囲の物理的環境を徹底的に操作する能力を持つ植物を、サイズの大小にかかわらず、私は他に知らない。

湿原の地面は隅から隅までミズゴケに覆われている。だが実は、これはそもそも地面ではなく、コケの構造によって巧みに保持されている水にすぎない。私は水の上を歩いているのだ――池の表面を覆うミズゴケの敷物の上を。湿原の真ん中あたりには、平らな黒みがかった池の水面《みなも》が一部見えているところがまだある。湿地帯の池は大抵、鏡面のように静かだ。暗い水面は、見る者の視線を、見えないものを求めて水面の下へと導く。水に映った夏の雲の像を乱す水の流れは存在しない。唯一の水源は雨水である。このミズゴケの島には、入ってくる川も出ていく川もない。水は澄んでいるが、ゆっくりと腐敗するミズゴケが放出するフミン酸とタンニン酸のせいで、ルートビールの色をしている。

ミズゴケの一本一本は、池で泳いだ後、滴る水で床に水溜まりを作っているイングリッシュ・シープドッグを思わせる。ミズゴケの頭部、立派なモップのような頭状花は、水面より高く持ち上がっている。それ以外の部分は、茎の中心から垂れ下がった長い枝に隠れている。葉は非常に小さくて、緑色をした薄い膜にすぎず、ふやけた魚の鱗のように枝に張りついている。ミズゴケの層を掻き回すと、下から硫黄を含んだガスが上がってきて、匂いまで濡れた犬のようだ。

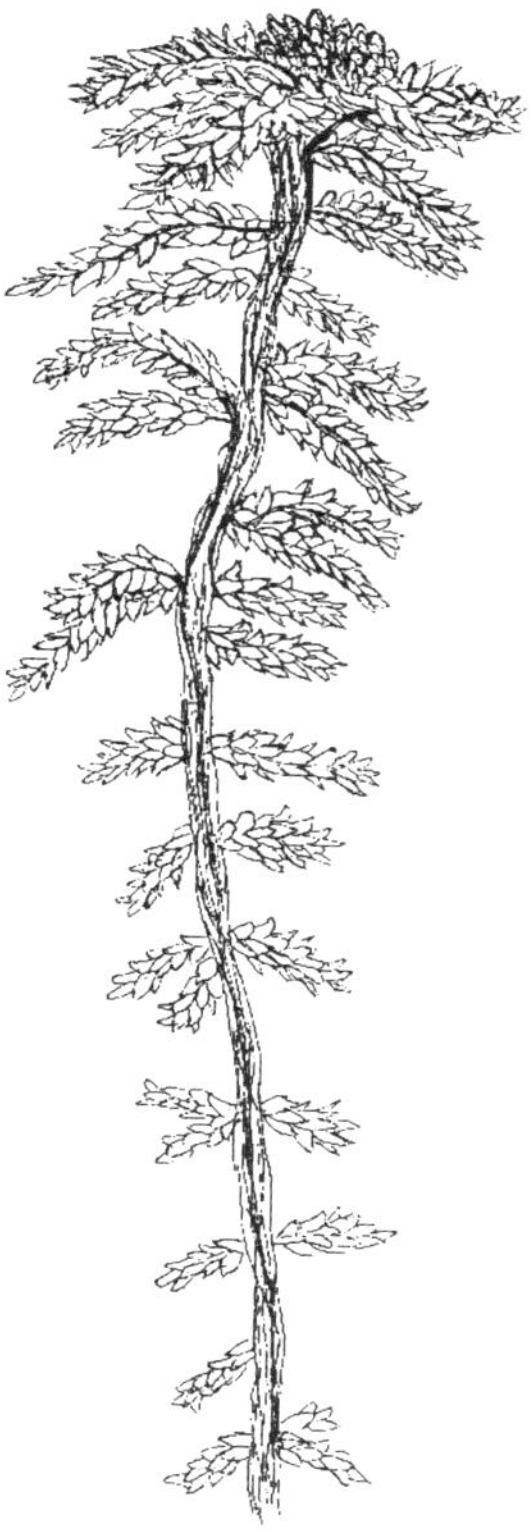

湿原を覆うミズゴケ

ミズゴケについて何よりも驚くべきは、そのほとんどが死んでいるという点だ。顕微鏡で見ると、葉のそれぞれに生きた細胞の細い帯があって、何も生えていない牧場を囲む生け垣のように、死んだ細胞が集まった区画を縁取っている。生きた細胞は二〇個に一個だ。その他は、単なる死んだ細胞の細胞壁が、もともとは細胞の中身があったが今では空っぽのスペースを囲んでいるだけの残骸にすぎないのだ。これらの細胞は病気で死んだわけではない。細胞は、死んで初めて、成熟し、完全な機能を果たせる状態になるのである。細胞の壁は多孔質で、顕微鏡サイズのざるのように、小さな穴がたくさん開いている。穴の開いたこれらの細胞は、光合成も生殖もできないが、ミズゴケの繁殖には欠かすことができない。その役割はただ一つ、水を、たくさんの水を保持することだ。一見しっかりした地面に見える湿原の表面からミズゴケを少々引き抜いてみると、水が滴り落ちる。片手に一杯分のミズゴケからは、一リットル近い水が絞れるのである。

小さな穴のたくさん開いたミズゴケの細胞

死んだ細胞を水で満たすことで、ミズゴケは、重さにして自分の体重の二〇倍もの水を吸い上げることができる。その驚異的な水分保持力によって、ミズゴケは生態系を自分の目的に合わせて変容させる。ミズゴケがあることで土壌は飽和状態まで水を含み、通常なら空気のある土壌粒と土壌粒の隙間に水が満ちる。根も呼吸することが必要だが、水でいっぱいになったピート（泥炭）は、嫌気性の発根環境を作る。ほとんどの植物には耐えられないこの環境が、木の生育を妨げて、湿原は広々と日当たりがよいままでいるのだ。

生きているミズゴケの下の水浸しの層には酸素が欠乏しているため、微生物の成育も遅くなる。その結果、死んだミズゴケの細胞が分解されるのも極端にゆっくりで、比較的変化のないまま何百年も残る可能性もある。ミズゴケの埋もれた部分は、何年も何年もそこにそのまま残り、ゆっくりと溜まっていって沼をいっぱいにする。もしも沼底深く沈んだ私の赤いスニーカーが見つかったとしたら、それは少しも腐敗していないだろう。スニーカーのほうが人間より長く残ると考えると奇妙だが。一〇〇年経ったら、それは私がこの惑星《ほし》に短い間存在したことを、最もわかりやすい形で示すものになるかもしれない。スニーカーが赤でよかったと思う。

この防腐作用のおかげで、ピートを切り取る作業をしていた人たちが驚くべき発見をした。デンマークのピート・ボグ（泥炭湿原）で、埋まってから二〇〇〇年経ちながら、完全に保存された人体が掘り出されたのである。考古学的な研究の結果、これはトーロンマンの遺体であることがわかった。ボグ・ピープルと呼ばれる、鉄器時代にこのあたりで暮らしていた人々である。彼らが湿原に埋められたのは事故ではなかった。農業に関連する儀式において、豊穣な収穫の見返りとして捧げられた生け贄だったことを示唆する証拠がある。彼らの表情は驚くほど穏やかで、彼らの存在は、生命は死を通り越してのみ再生するものだということを、当時の人々が理解していたことを物語っている。

腐敗がゆっくりであることの副作用の一つに、生物の中に閉じ込められた養分が湿原ではなかなか再利用されない、ということがある。複雑な有機分子のままでピートの中に残っている栄養分は、ほとんどの植物には吸収することができない。そのため湿原は極度な栄養不足となり、栄養の欠如に耐えられない多くの維管束植物は排除されるのだ。結果として、湿原になんとか根を生やす木のほとんどは、黄色っぽくて発育不全だ。特に不足しているのが窒素だが、これを補うために特別の適応能力を発達させた湿原の植物もある。虫を食べるのである。

湿原は、モウセンゴケ、ウツボカズラ、それにハエトリグサなどの食虫植物が生える唯一の環境であり、それらはミズゴケの敷物の上に載っかっている。湿原にたくさんいるメクラアブや蚊の一匹一匹が、空飛ぶ動物性窒素のかたまりだ。この窒素を捕まえるために、ねばねばした捕虫器や巧妙に作られた袋状の捕虫器が発達し、根からは吸収できないものを、捕虫葉から補給するのである。

ミズゴケは、その生育環境を徹底的に操作する。水にどっぷりと浸った、養分の少ない状況を作るだけでなく、おまけに水のpHまで変えるのだ。ミズゴケの生えた水は酸性になり、他の植物には住みにくい。酸を放出することによって、ミズゴケはわずかばかりの養分を自分のために吸収することができる。湿原の端のあたりでは水のpHは四・三ほどで、薄めた酢に相当する。

酸性であることは、コケの抗菌作用にも一役買っている。ほとんどのバクテリアはpHが低いと抑制されるのだ。このことと、比類のない水分吸収力によって、ミズゴケはかつては包帯として広く利用されていた。第一次大戦中はエジプトでの戦争のために木綿の供給が不足していたので、軍病院では傷口に巻く包帯として、殺菌したミズゴケが最も一般的に使われるようになった。

ミズゴケの葉

ミズゴケの一本一本における、生きた細胞と死んだ細胞の数の比が一対二〇であるという非対称的な割合は、そのまま湿原全体の構成にも反映されている。湿原のほとんどは死んでいて、目には見えないのだ。ミズゴケの湿原は二層からなっている。深いところにある死んだピートの層と、表面にある生きたコケの薄い層だ。ミズゴケで生きているのは一番上の七～八センチにすぎない。陽に当たって緑色をした頭状花とその年に生えた枝はほんの先端部分にすぎず、その下には、ときには何メートルもの長さにおよぶミズゴケの組織が湿原の中に円柱状に伸びているのである。毎年、生きている層は上向きに成長し、下の水からはその分だけ遠ざかる。だが、下向きに垂れ下がった枝の死んだ細胞が沼の深いところから水を吸い上げ、上方の生きた層へと運ぶ。

その下にピートがある。元々は生きた表層にあったミズゴケが一部腐敗したものだ。死んだコケは、水と上部のコケの重さで圧縮され、下方の深いところへと押しやられる。含んだ水を着々と上方に――目に見えないところから見えるところへと――送り続けるこの巨大なスポンジが、湿原の基盤である。

ミズゴケの枝のかたまり

古代ギリシャで湯治場に使われたのに始まり、今日のエタノール生成にいたるまで、人間によるピート利用の歴史は長い。レンガ状に切り出して乾かしたピートを燃やすのは、多くの北方民族にとって重要な熱源だった。スコッチ・ウイスキーが持つ豊かな秋の味わいは、ゆっくりとくすぶるピートの煙が麦芽に染み込んで生まれる。シングルモルト・スコッチ・ウイスキーの独特の味わいは、ある特定の湿原から切り出されたピートの品質に由来するものだと言われている。また世界各地で、泥炭地の水を抜き、レタスや玉葱などの特別な野菜作物が栽培されている。

　ピートの主要な商業利用の用途は、庭や菜園の土壌添加剤である。私は氾濫原の脇に菜園を持っていたことがあるのだが、その土壌はものすごい粘土質で、陶器の店が開けそうなほどだった。私はピートを何梱も買い、土壌に混ぜ込んで耕した。有機物のかけらは粘土粒子同士がくっつかないようにするのに役立ち、土壌を軽くした。死んだ細胞の、水分吸収力が高いという性質を利用して、菜園の土の水分保持力を高めるためにピートを混ぜ込む人もいる。ピートはまた、養分を吸い込むスポンジの役割も果たし、養分がゆっくりと植物に放出されるようにする。ピートの袋を開けると、湿原の匂いがする。指と指の間でピートをほぐすと、私はそれがどこから来たのか、その物語を思い出す。今こうしてここにある乾いた茶色の繊維細胞は、何百年もの間、湿原の暗い水の底にあった。さらにその前には、ほんの短い間だが青々とした表面の層にあって、そこではトンボが蚊を追いかけて急降下し、モウセンゴケから横取りしたりしたのだ。商業的に流通するピートは、水を抜いた湿原から掘り出される。自然に水が抜ける場合もあるが、大抵は意図的になされるものだ。私の菜園と私もその商業的営みに加担しているわけで、そのことが私を苦しめる。湿原は、濡れそぼり、足の指の間でぐにゃぐにゃするほうがいいと思うのだ。

湿原の歩き方

湿原を知るには裸足で歩くのが一番だ。足の裏は、目には見えないことを教えてくれる。まず、枕のようにやわらかな湿原の表面は一見均質に見えるが、その中を歩けば、複雑なパターンが見えてくる。そこにはときに一五種類ものミズゴケが生えており、一つひとつ、微妙に見た目と生態が違う。実は湿原の中は「歩く」とは言い難い。むしろそれはほとんど抑制のきかない「よろめき」だ。一歩一歩、足を置く場所を恐る恐る選び、体重を支えられるかどうかをテストする。そうしなければ、ボグ・ピープルの仲間入りをして歴史の遺物となりかねない。

釜状凹地状の湿原は、植生が同心円状に異なっていて、露出している水の縁が最も若く、樹齢の高いアメリカカラマツの生えたハンモック（小丘）まで順に古くなっている。そのパターンは、時間の経過と、ミズゴケの持つ、環境を変化させる力が作り出したものだ。湿原で一番若い、沼の縁の部分には、ここ以外のどこにも生えない種類のミズゴケが、強い酸性の水にほとんど沈んだ状態で生えている。地面があるように見えるのは錯覚にすぎない。ミズゴケは沼の縁からぶら下がって浮いているだけで、ウシガエル一匹乗っかっても沈んでしまう。

沼の縁から慎重に後退すると、何層ものミズゴケが積もって密度が増し、ミズゴケの敷物は厚くなる。夏の太陽の下では、暖かいスポンジを踏んでいるような感じがする。もっと足が沈むと、湿原が大好きな灌木の、ほとんど水没した根が爪先に絡まる。やわらかいマットレスの下にピンと張った線バネのように、ミズゴケの敷物の下を走っているのだ。このあたりにくると、ミズゴケのマットレスはこういう枠の上に乗っているのである。ミズゴケの中には、湿原の中でもこのゾーンにだけ生息する種類がある。ここは普通は完全に水没してはいないので、酸性度もやや弱い。灌木の根が沼の中心に向かって伸びていくにつれて、これらの種類のミズゴケもそれに追随して広がっていき、やがては、見えていた水面の円を閉ざし、ミズゴケの毛布の下にしてしまう。

植生の同心円でその次にあるのがハンモック地帯だ。湿原の中でも古い部分であるここは、ピートがより深く蓄積しているので、それほどフワフワしていない。ここを歩くのが難しいのは、沈むことの危険だけではなくて、地面が凸凹だという点だ。湿原の表面には、植物がびっしり生えたハンモックと植物の少ない部分が混在している。靴を履いていればよかったと後悔するのがこういう場所だ。ミズゴケには枯れた灌木の小枝が混じっている。やわらかなコケの表面に隠れて見えないが、踏んづければ破傷風の予防注射の世話になることになる。ハンモックは、ミズゴケと灌木がそれぞれに優位を競い合う相互作用によって形成される。まず、あなたの足と同じように、灌木がその重さでミズゴケの層に沈み始める。するとそのまわりのミズゴケのじゅうたんが、灌木の低いところにある枝に自分の枝を伸ばし、下方から水を吸い上げる。それによって灌木はますます重くなってさらに沈み込み、低いところの枝が水没する。灌木が上に向かって伸びるとミズゴケがそれを引っ張り下げる、その繰り返しだ。やがて湿原の表面には、灌木とコケから成る円錐形のハンモックが盛り上がり、大きなものは高さ四五センチほどにもなる。多くの場合、灌木は枯れてしまうが、枝はハンモックの中に葬られたまま残るのだ。

コケという小さな縮尺の中で、ハンモックはさまざまな微気候を提供する。それは、高山の気候が高度によって違うのに似ている。ハンモックの根元は、酸性でびしょびしょのミズゴケの層に浸かっているが、上部は水から離れたところにある。ミズゴケの性質のため、水は吸い上げられてハンモックの頂上まで届く。それでも頂上部はかなり乾燥していて、酸性度も低い。したがって、ハンモックの傾斜に沿って谷底からアルプスの山頂までいくつもの区画ができ、そこに、それぞれの微気候に適応した、種類の異なるミズゴケが生えて、コケのレイヤー・ケーキのように見えたとしても不思議はない。こうした複数の小さな微気候とそれらに適応したミズゴケが存在することが、湿地帯の生物学的多様性に貢献しているのだ。

夏の日、ハンモックのてっぺんに手を置くと、そこは暖かくて乾いている。指を地中に潜らせていくと、ハンモックの中は徐々に冷たく、湿っぽくなっていく。腕をハンモックの一番下まで突っ込んで、その下のピートに触れることも可能だ。ピートの温度は表面よりも二五〜六度も低いかもしれない。乾いたコケの中の動かない空気には、素晴らしい断熱効果があるからだ。温度が低いと腐敗もまたゆっくりになる。昔から、タイガの湿原に暮らす人々は、殺したばかりの獲物を入れておく冷蔵室として冷たいピートを利用していた。私が大学の学生だった頃、教授の一人だったエド・ケッチレッジは、この現象を使って私たち学生をいじめたものだった。湿原での野外授業中、私たちが暑さに辟易し、メクラアブを叩きながらなまぬるい水筒の水を飲んでいると、教授はあるハンモックに静かに歩いて行ってその中に腕を入れ、前回の野外授業のときに入れておいた冷たいビールを取り出すのだ。そんな授業はなかなか忘れられるものではない。

ハンモックのてっぺんは、ミズゴケが生えることができないくらい乾いていることが多く、他の種類のコケが生える。こういう背の高いハンモックは、唯一木が根付くことができる場所で、木は飽和したピートより高いところに根を張る。アメリカカラマツやトウヒの若木がてっぺんに生えているのが見つかるはずだ。そのうちの何本かは実際に成長し、湿原に広々とした森を作る。硬いピートが深いところにあるこれらの木の根元では、別の種類のミズゴケが繁殖する。

こうした分厚いピートの層があるところでは、古生態学者はその土地の歴史を読み取ることができる。彼らは細長いピカピカのシリンダーを湿原に差し込み、まだ腐敗していない植物の層を切り取り、ピートの中心部を抜き出す。採集された植物の種類、閉じ込められた花粉、そして有機物の化学組成によって、土地に起こった変化を識別できるのだ。何千年にもわたって起きた植生の変化、気候の変化がすべてそこに記録されている。私たちの時代、私たちが地上で過ごす束の間の時間を示す地層からは、彼らは何を読み取るのだろうか。それを決めるのは私たちだ。

湿原に響く「音楽」

私は湿原の音を聞くのが大好きだ。紙を擦り合わせるようなトンボの羽音、バンジョーのようにビーンと響くアオガエルの声、ときおり聞こえる、風にそよぐスゲのシューシューという音。暑い夏の日に静かにしていると、私の知る限り、聞き分けることができる一番小さい音が聞こえることがある。ミズゴケの蒴が開く「ポン」という音だ。長さたった一ミリの蒴の出す音が聞こえるというのは信じ難いことだが、蒴はコケから伸びた短い茎の先にある壺型のもので、紙鉄砲のように破裂するのだ。太陽の熱が蒴の中の空気の圧力を高め、やがて先端が吹き飛んで胞子を上向きに放り出す。静けさの中で真剣に耳を澄ませていた私には、それはウォータードラムの音のように聞こえた。

ゆらゆらと揺れる湿原は、私には生きたウォータードラムの化身のように思える。氷河が削った花崗岩のボウルにたたえられた水の表面に、ミズゴケのじゅうたんが伸びている。ミズゴケは二つの岸辺の間に張られた生きた皮膜で、内側に水をたたえ、地球と空が出会う場所となるのである。私は静かに地球のドラムの表面に佇む。私の足は水に浮かぶミズゴケに支えられ、ミズゴケはほんのかすかな動きにも反応して、私の体重がかかる場所が動くにつれてその下で波打つ。私は踊り始める。ステップは昔ながらのヒール・トゥ・トウで、テンポはゆっくり。その一歩一歩が湿原に波紋を起こし、それに応える波が返ってきて私のステップと出会う。私の足が湿原の表面にドラムのビートを奏で、湿原中がリズムに乗って動き出す。

足の下のやわらかなピートは私のステップに応え、ダウンビートとともに縮まり、それから跳ね返る。私の足の下の深いところで、ピートもまた踊りながら、そのエネルギーを表面に送ってくる。ピートの表面に浮かんだミズゴケの上で踊っていると、私は過去に起きたことと自分が強く繋がっているのを感じ、記憶を閉じ込めた沼底のピートが私を支えているのを感じる。私の足が奏でるドラムビートは、一番深いところにあるピート、一番遠い昔からのこだまを呼び起こす。脈動するビートは鳴り止まず、古《いにしえ》の人々を目覚めさせ、踊っている私には遠くのほうで彼らが歌う歌が聞こえる。それはメディスン・ロッジでウォータードラムが奏でる歌であったり、広大な青い湖の岸辺で野生米の籾殻を吹き分けながら歌った歌と水鳥の声が混ざったものだったりする。記憶を閉じ込めた沼底のピートからは、愛する故郷から追い立てられ、銃剣を突きつけられながら「死の道」を追われるようにして、水鳥の鳴き声も聞こえないオクラホマの乾燥した土地に辿り着いた人々の、別れの歌と泣き声が霧のように立ち現れる。ピートの中から、時間を通り越して、上へ上へと声が昇ってくる。セント・メリー寄宿学校の善良なシスターたちが、嘘ばかりの公教要理を「肌の赤い子どもたち」に教える声が。

踊ることで、私がここにいることをピートを通してメッセージとして送りながら、それに応えて列車の車輪のガタガタという振動が東に向かうのを私は感じる。列車は、たった九歳だった私の祖父をカーライル・インディアン寄宿学校へ連れて行こうとしている。子どもたちはそこで、「(子どもの中の）インディアンの部分は殺し、人間を救うべし」という標語の執拗なリズムに合わせて踊るのだ。それは、ウォータードラムがあわやその声を失いかけた、暗いピート、暗い時代だ。ピート同様、記憶はずっと昔に死んだ人々と生きている者たちを繋ぐ。水と同じように、魂は下から吸い上げられ、深い水の中から、寄宿学校の宿舎で祖父が暮らす乾燥した地表へと受け渡されて、祖父を支えたのだ。彼らは祖父の中のインディアンを殺せはしなかった。だからこそ私は今日こうして、水鳥が鳴く広大な青い湖が広がるこの地で、ピートのウォータードラムの上で踊っているのだ。踊りながら私の足は、私がここにいるというメッセージを、ピートを通して波のように送る。すると記憶という波の中で彼らは、彼らがそこにいるというメッセージを送り返す。まだ、ここにいるよ、と。生きたミズゴケの表層、つまり、黒っぽく蓄積したピートが柱状に伸びるその一番上で日が当たっている緑の層と同じように。私たちは単独ではかないが、集まれば不滅なのだ。私たちは、まだ、ここにいる。

私の存在を記すのに、赤いスニーカー以外のものは要らないのかもしれない。ただ生きているだけで、私は祖先たちの人生を称え、子孫のための礎を残すのだ。私たちには、お互いに対する大いなる責任がある。私たちが集い、祖先たちの足跡を追って踊るとき、私たちはその繋がりに敬意を表している。私たちが子どもたちのために地球を守るとき、私たちはミズゴケのように生きている。

オオツボゴケ 放浪の一族

オオツボゴケを探して

ジェット気流は、成層圏の中を濁った川のように流れる。片方の岸辺から削ったものをもう片方の岸辺に堆積させ、堆積物の量を均質化するのだ。空を舞う種子や胞子が、行方定めぬクモたちと一緒に気流に運ばれる。すべての大陸は、同様の空中プランクトンで溢れている。不思議なのは、地球に種子や胞子がそれほどたくさんあるということよりも、その中身がどこでも同じというわけではないということだ。どういう仕組みか、さまよう胞子はそれぞれに自分の住処を見つけるのである。

全世界を覆うこの胞子の雲は、あらゆる地表面にコケの発芽の可能性を降り注ぐ。ニューヨーク州北部の私の自宅前の私道で見かけたのと同じ種類のコケを、その翌朝、ベネズエラの首都・カラカスの歩道の割れ目で見たことがある。そしてこの同じコケが、南極観測基地の軽量コンクリートブロックの割れ目にもぎっしりと生えている。赤道からの距離は重要ではなくて、唯一、歩道の化学的性質によってのみ、生育場所が決まるのだ。

特定の種類のコケが自分の住処と定める場所の境界は、通常はそんなに広くない。完全に水生の種もあるし、完全に陸生のものもある。着生蘚苔類は木の枝にしか生えないが、その中にはサトウカエデにだけ生えるものや、石灰岩の上に育つサトウカエデの腐った節穴の中にのみ生えるものもある。空いている土の上ならどこにでも見られる万能選手もいれば、背の高い草が生えた草原の、ホリネズミが掘り返した土を専門に好むものもある。岩性（岩に生息する）のコケの中には、花崗岩の上に生えるものもあれば石灰岩にだけ生えるものもあるし、ミエリコフェリア（*Mielichoferia*）は銅を含む岩にだけ生える。

だが、オオツボゴケほど生息場所選びにうるさいコケはない。オオツボゴケは、通常よくコケが生える場所にその姿を見ることはなく、湿原にしか生えないのだ。それも、泥炭質のハンモックを生成するミズゴケのようなありきたりのコケが生えるところや、黒い水をたたえる沼の縁に生えるのではない。オオツボゴケは、湿原のある特定の、ただ一種類の場所にだけ生える。鹿の糞である。オジロジカの糞、それも、ピートの上に落ちてから四週間経った糞だ。それも、七月に。

見つけようと思ってオオツボゴケが見つかったためしがない。私が教えるコケの授業が始まる何日も前に、私はアディロンダック地域の中央部にある揺れる湿原に、学生に見せるのに良いオオツボゴケの群生が見つかるのを願って出かけていく。そこで見つけたことはあるのだが、それはいつも何か他のものを探している最中だった。泥の中をぐしゃぐしゃと歩くと、私の足跡からはかすかに硫黄を含む気体が放出される。カーペット状のピートの上を探すと、珍しい食虫植物のかたまりやモウセンゴケ、湿原特有のゲッケイジュの枝にかかったクモの巣などが見つかる。鹿の糞もたくさん見つかったしコヨーテの糞も見つかったが、お行儀よく並んだ茶色い小粒の山には何も生えていない。

どれも希少ではあるのだが、一つの湿原には最高で三種類のオオツボゴケ属のコケが生息していることがある。スプラクヌム・アンプルラケウム（*Splachnum ampullaceum*）が生えるのはオジロジカの糞。もしもオオカミやコヨーテが鹿の匂いを追って湿原に入ったとしたら、その糞には別の種類、スプラクヌム・ルテウム（*Splachnum luteum*）が生えているだろう。肉食動物の糞の化学組成と草食動物のそれには、別の種類のコケが生えるだけの違いがあるのだ。仮にヘラジカが湿原をのしのしと歩いてこの場所の窒素経済に貢献したとしたら、その糞はこの二種類のオオツボゴケには何の役にも立たない。ヘラジカの糞にはヘラジカの糞だけを忠実に追いかけるファンがいるのだ。

オオツボゴケ属が属する科は、オオツボゴケの他にも、動物が生み出す窒素に親和性を持つ数種類のコケを含んでいる。マルダイゴケとユリゴケは腐植土にも生えるが、主に、骨などの動物の死骸やフク

鹿の糞に生えるオオツボゴケ

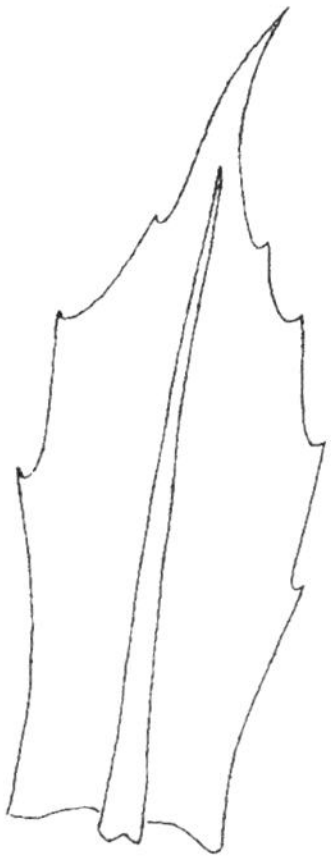
オオツボゴケの葉

ロウの糞に生える。私は一度、オオツノジカの頭蓋骨がマツの木立に横たわっているのを見たことがあるが、その顎の骨にはマルダイゴケがふさふさと生えていた。

　オオツボゴケを生やすのに必要な状況が揃う可能性は、あり得ないほどに小さい。熟したクランベリーが雌鹿を湿原に誘い、雌鹿は耳をそばだてながら、コヨーテに襲われる危険を顧みず佇んでクランベリーを食べる。雌鹿が立ち止まった数分後、糞からはまだ湯気が出ている。雌鹿のひづめの跡がピートの上に凹みとなって残り、そこに水が溜まって、雌鹿の通った後に小さな水溜まりの小道ができる。糞から立ち昇るアンモニアと酪酸の分子は招待状だ。甲虫やハナバチたちはこの招待状には興味を示さず、いつもの仕事を続ける。ところが湿原中のハエは、とりとめなく飛び回るのを止め、招待状に反応して触角を震わせるのだ。ハエはほやほやの糞に群がり、その表面で結晶化し始めている塩気を含んだ液体を飲む。卵を抱えたメスは糞に穴を掘り、暖かな糞の内部にピカピカの白い卵を植えつける。ハエの剛毛は、その日落とされた糞を探し回った形跡を後に残す。その足跡が、オオツボゴケの胞子を運ぶのである。

　胞子は湿った糞の中で素早く発芽して、粒状の糞を緑の網に閉じ込める。スピードが肝心なのだ。糞の腐敗よりも成長が速くなければ、オオツボゴケの足元の「家」がなくなってしまうことになる。糞の養分が成長を速め、ほんの数週間で糞は純正オオツボゴケの芝生の下に隠れてしまう。すべての植物と同様に、コケもまた、成長と生殖にそのエネルギーをどう使い分けるかという選択に直面する。寿命の長い茎や葉に投資すれば、そのコケは競争相手を押しのけてその群生における支配的な位置を保持することができ、将来的な見返りは大きいかもしれない。その場合生殖は後回しで、量が限られたエネルギーは成長に充てられる。この戦略は、生息環境が安定していて、生殖の機会が長期間望める場合には有効だ。生育環境の持続時間がおそらくはコケの寿命より長いからだ。だが生育環境が一過性のものである場合、コケにとっては機動性にエネルギーを費やすのが最も得策である。なくなってしまう生育環境に縛られて身動きが取れなければ、その場所での絶滅は免れない。コケは、空中を漂う胞子の一団を素早く作り、古い個体が衰退する前に、新しい住処へと自らを分散させなければならないのだ。オオツボゴケはまさにそうやって放浪する種であり、糞の山の一つに素早く群生しては、その糞が腐れば別の山へと逃げるのだ。

成長中のオオツボゴケのコロニーには、急いでそこから旅立とうとする切迫感が脈打っている。のんびりしたコケ類にしては驚くようなスピードで、胞子体は一夜にして姿を現すように見える。胞子では ち切れそうな蒴は葉の上方に、長く伸びた茎によって持ち上げられる。奔放な生殖の営みを、これほど派手に誇示して見せるコケは他にない。コケらしくないピンクと黄色をした蒴は葉のはるか上のほうでそよ風になびく。蒴は大きくなってやがて破裂し、ネバネバした色つきの胞子を大量に放散する。もっと奥ゆかしいコケならば、子孫を運ぶのは風に任せるし、風を惹きつけるのに派手な振る舞いは不要だ。だがオオツボゴケは糞にしか生えず、他のどこにも生息しないので、分散を風に頼るわけにいかない。蒴から出た胞子は、移動の脚と、決まった行き先への予約チケットの両方があるときだけ生殖に成功できるのである。湿原の単調な緑色の中で、ハエはオオツボゴケの綿菓子のような色彩を花と勘違いして引き寄せられる。ありもしない花の蜜を探してオオツボゴケをつつき回るうち、ハエはネバネバした胞子まみれになる。新鮮な鹿の糞の匂いが風に乗って運ばれてくると、ハエはそれを探しに行き、オオツボゴケの胞子にまみれた足跡を湯気の立つ糞に残す。そんなわけで、とあるさわやかな朝、湿原でブルーベリーを摘んでいると、思いもかけずにオオツボゴケのブーケが現れるのだ、私の足元に。

人工のコケ庭園　生命を持たない芸術作品

できすぎた依頼

その手紙には差出人の住所がなかった。姿の見えない相手が、断りようのない申し出で私を呼び出したのだ。厚手の白い便箋に書かれた手紙には、私に「蘚苔植物学者という立場から、生態系復元プロジェクトの相談役として協力してほしい」とあった。よい話だった。

その目的は、「アパラチア山脈の植物相を、そっくりそのまま自生植物園に復元すること」だった。植物園の持ち主は「正確さを求めており、復元には必ずコケも含まれているよう希望」していた。それだけではない。園主は「植物園の岩の種類にしたがって、適切な種類のコケが組み合わされるように指導してほしい」と言う。この寛大な申し出を承諾すれば、それが私に与えられた任務になるのだ。手紙は個人名では署名されておらず、植物園の名称が書いてあるだけだった。私はもう一度その手紙を読んだ。できすぎた話のような気がした。生態復元に興味のある人は少ないし、コケとなればなおさらだ。

その当時の私の研究課題の一つに、コケはどうやって裸の岩肌に根を下ろすのかを理解することがあった。申し出はその目的にぴったりだった。私はそのプロジェクトに興味を持ったし、教授になりたてだった私は、正直なところ、自分の専門知識を使ってコンサルタント料をもらえるというのが嬉しかったのだ。手紙は急いでいるふうだったので、私はできるだけ早く行くことにした。

助手席に置いた指示書を広げるため、私は道路脇に車を停めた。指示書には時間を厳守するようにとあり、私はその言いつけにしたがおうとしていた。ルリツグミがつづら折れの道を横切り、信じられないほど青々とした六月の牧場に飛んでいくこの美しい谷を目指して、私は明け方から車を走らせていた。道の脇には古い石造りの壁があって、車の中からでさえ、長い年月を経た壁の表面が大量のコケを蓄えた様子を眺めることができた。アメリカ南部では、人々はこういう壁を、石を積み上げた人々にちなんで「奴隷の塀」と呼ぶ。一〇〇年分のハネヒツジゴケが、尖った石の縁や記憶にやわらかさを与えている。指示書にしたがってこの石の壁に沿って進むと、やがて金網の塀が始まる。「門に向かって左折してください。開門は午前一〇時です」。その通り、私が着くのと同時に、その巨大な門は、姿の見えない司令官にしたがうかのようになめらかに横に滑って開いた。この谷でそんな警備を目にするのは驚きだった。この谷には電子カメラよりも荷馬車がお似合いに思えたからだ。

私は急な坂道を登り始め、タイヤの下で砂利がガリガリと音を立てた。あと四分。道が曲がったその先に、青い朝の空を背景にして、おんどりの尾のような形に土埃が上がっているのが見えた。それはものすごくゆっくりと、坂道を這うようにして登っていた。だめだ、間に合わない。よいこらと坂道を進み、スイッチバックまで来たところで、私の前方を行くものがちらりと見えた。私が見たものを私の脳は拒絶した。まさか、木は動かない。だがまたしても見えたのだ――葉のない春先の木の枝が、斜面を背にして坂道を登っていく。それははっきり見えるようになった。樫の木だった。平床式トラックの荷台に乗せられている。ところがそれは、布できちんと根を球状に包んだ、標準的な苗木サイズの木ではなかった。そうではなくて、それは立派に樹齢を重ねた大木だったのだ。私のケンタッキーの農園にもそういう木があった。巨大なバー・オークで、低く大きく広がった枝が、家ほどもある大きさの木陰を作った。幹に手を回すには二人必要だった。それほどの大きさの木を移動できるわけがない。ところがそれは移動していたのだ——パレードの山車に乗ったサーカスの象よろしく、トラックに固定されて。根を包んだ球は直径六メートルもあり、鋼鉄製のケーブルでトラックに縛りつけられていた。トラックは路肩に停車し、まじまじと見つめながら私が脇を通り過ぎると、ボンネットの下から蒸気が上がった。

道は、エンジンをかけたままの建設車両でいっぱいの区画で行き止まりになった。表土を削り取られて剝き出しになった敷地を、納屋や扉を開け放した車庫の一群が囲んでいる。私は埃まみれのジープの列の横に車を停め、私を招待した人はどこかと見回した。そこでは何十人もの人が忙しく動き回っていて、蟻の巣をつついたところを思い出させた。荷物が積み込まれては走り去るトラック。働いている人のほとんどは色が黒くて小柄だった。みな青いジャンプスーツを着て、スペイン語で声をかけ合っていた。一人、赤いシャツと白いヘルメットで目立っている人がいた。その腕組みしている様子は、彼が私を待っていたこと、私が時間に遅れたことを物語っていた。

挨拶もそこそこに、彼は腕時計を見ながら、園主はコンサルタントの時間の管理にはうるさいのだ、と言った。時は金なり。ベルトから無線機を取ると、彼は自分より偉い誰かに私が来たことを告げた。

納屋の中にあるオフィスから姿を現した若い男性が私の対応を引き継いだ。その遠慮がちな笑顔と心のこもった握手は、愛想のない応対ぶりを謝罪しているかのようで、彼は造園現場の真ん中から私を連れ去りたくてたまらないように見えた。彼はマットといって、園芸学の学位を取って大学を卒業したばかりだった。この植物園で働き始めて二年目で、コケを復元するという、若干彼の手に余る任務の支援のため、コケのコンサルタントを招致したいと植物園の持ち主に嘆願した。マットは、この仕事が庭園デザイン業界に注目されていることを知っていた。どうやら園主はことのほかコケがお好きらしく、成功へのプレッシャーは大きかった。植物学的に正確に草木を植え、また庭園の新しさを、そこかしこにコケを植えることで隠す、というのが彼の目標だった。私は、前を大股で歩くマットにしたがって、建設現場に新しく敷かれた歩道を歩いていった。彼は私にまずコケの庭園を見せたがった。園主は留守だったので、家を横切って近道することになった。

新築されたばかりのその家は、昔の領主の館のような外観で、裸の地面に植えられた大木に囲まれていた。チューリップポプラ、セイヨウトチノキ、それに節くれだったプラタナス。それぞれ支え線で固定され、樹冠には黒いチューブが見え隠れしていた。ここへ来る途中で見かけた樫の木が到着し、大きく口を開けた穴がその根を待っていた。それは壁一面の鉛枠ガラス窓のすぐ外に植えられるのだ。「こんなに大きな木を買えるなんて知らなかったわ」と私が言うと、「買えませんよ」とマットが答えた。「その土地を買って、それから掘り起こすんです。僕たち、世界一大きな樹木掘り起こし用の鍬を持ってるんですよ」。彼はぎょっとしている私の顔を一瞬眺めてから目を逸らし、きまり悪そうに手をいじっていたが、それから職業的な態度を取り戻した。「この木はケンタッキー州から来たんです」。木は一本一本、移植の衝撃を和らげるために化学処置が施され、樹幹に点滴灌漑システムが設置されるのだ、と彼は説明した。システムはタイマーで作動し、根の成長を促進する栄養とホルモンを含む液体が噴霧された。庭園には専門の樹木医が何人も雇われていて、まだ枯らした木は一本もない。家を囲む木立はすべて移植されたもので、木は巨大な樹木用の鍬でその土地から掘り出され、生態系復元のためにトラックでここに運ばれたのだ。

マットは磁気カードを機械に通して防犯システムを解除し、私たちはエアコンの効いた薄暗い家の中に入った。家の横から入るこの入り口ホールは、ほとんどアフリカン・アートのギャラリーのようだった。壁には、彫刻されたマスクや幾何学模様の織物がずらりとかかっていた。牛の皮を張ったドラムや木の笛が石の台座に置かれていて、私は立ち止まって眺めた。「本物ですよ」とマットが誇らしげに言った。「コレクターなんです」。彼はきょろきょろとあたりを見回す私の横に立って、私の驚く様子が自分の立場に箔をつけるのに任せていた。飾られた品は一つひとつ、それが作られた村と作者の名前が記されていた。見事なディスプレイだった。吹き抜けのホールの中央には、目立たないように警報装置を仕掛けたケースが置いてあって、手の込んだ髪飾りにスポットライトが当たっていた。ミツバチや花をモチーフにした複雑なデザインは、光沢のある象牙を彫ったものだった。私がまず感じたのは、ベルベットの台座に置かれたその髪飾りが何と場違いで、芸術品と言うよりも盗まれた財宝のように見えるか、ということだった。これを作ったアーティストの妻の、油を塗った黒髪につけたほうが、それははるかに美しく、本来の姿であったことだろう。展示ケースの中に置かれた物は、それ自身を模写した物にすぎなくなってしまう。ギャラリーの壁に吊るされたドラムもそうだ。ドラムは、人間の手が木と皮

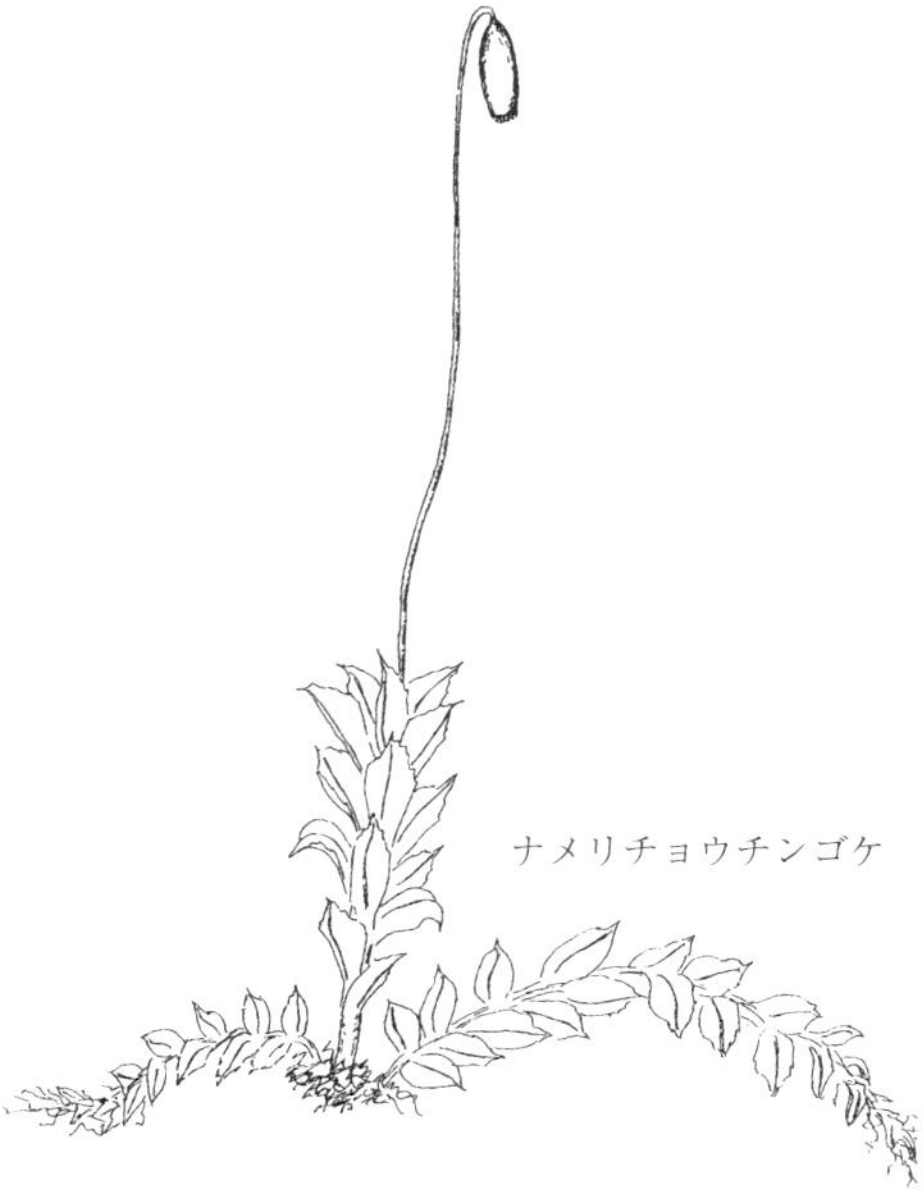

と出会って初めて本物のドラムになる。そのとき初めて、ドラムはその目的をまっとうするのだ。

プールのある円天井の部屋を通り、私はまさに目が眩んだ。プールのある部屋は、手描きのタイルと豊かな南国の植物で飾られていた。大理石の床は輝き、プールはゴボゴボと魅力的な音をたてる。まるで映画のセットに足を踏み入れたかのようだった。プールのまわりにはいくつかのラウンジチェアがさり気なく置かれていて、客がいつでも使えるように厚手のタオルがたたんで置いてあった。パティオのテーブルに置かれたシャンパン・グラスは、タオルとまったく同じルビーの色をしていた。「園主がこの週末にいらっしゃるんです」と、準備万端の室内を指してマットが言った。ようやくキッチンに着くと、紙コップの水が差し出された。

作り出された緑

家の中央にある中庭が、マットの懸念の一つめだった。彼は自分が作り上げた豊かな緑の中を、胸を張って歩いた。あらゆる種類の南国の植物がそこにはあった――ストレチアやラン、木生シダ。敷石を敷いた小道は完全にナメリチョウチンゴケに覆われていた。それは、日本庭園のコケ一面の地面のようになめらかでやわらかい緑一色の壮観な眺めだった。マットはこのコケを生かしておくのに苦労しており、地表のコケが途切れないように、しょっちゅう森に行ってはコケを採集してこなくてはならなかった。そこで私は水の化学組成や土壌の状態について話し、彼はそれをノートに書き取った。コケが自然に自己再生できるように、この庭の環境に合うコケの種類についてアドバイスしながら、私はやっと自分が役に立っていると感じていた。私は、野生植物の採集に関する道徳規範について警告した。森を彼の庭園のための苗床と思ってはいけない。彼の庭園は、自立できて初めて成功と言えるのだ。中庭の中央には、私たち二人よりも背の高い彫刻のような岩が、美しいコケに覆われて立っていた。コケのかたまりはどれも慎重に選ばれて、岩の凹凸を際立たせていた。浸食でできた穴は完璧な小円を描くハリガネゴケがいっぱいに詰まっていた。その芸術性は、ギャラリーに飾ってあったどの品にも匹敵するものだったが、それでいてどことなく的外れな感じがした。そうやって集められたものは、自然の幻想にすぎなかったのだ。プラジオテシウム（*Plagiothecium*）はそんな割れ目では育たないし、スナゴケとキヌイトゴケは、その二つが並べば美しい色をしてはいるけれど、住処を共有したりしない。この、美しいけれど人工的な創造物が、本物を好む園主のお眼鏡になぜ適ったのか、私は不思議に思った。生き物であるコケは、粗末な使い方をされた単なるアート素材になってしまっていた。「この二つ、どうやってこんなふうに一緒に生やしたの？」と私は尋ねたが、言い方を和らげるために「すごく……珍しいけど」とつけ加えた。マットは先生を出し抜いた子どものような笑顔を見せて、「強力瞬間接着剤ですよ」と答えた。

コケ庭は造るのが難しく、私は彼らが造り上げたものには確かに感心した。だが、あのトラックや作業員たちが心血を注いでいる生態系の復元はどこで行われているのだろう。やっと家から外に出ると、そこにあったのは自生植物園ではなく、建設中のゴルフコースの骨格だけだった。小さな埃の竜巻が、何も生えていない地面から巻き起こった。ゴルフカートの通り道に沿って、大きな岩が、やがて草が生えるのを見越して配置されていた。岩そのものは見事な雲母片岩の巨石で、この付近の元々の地盤であり、春の日射しを受けて金のようにきらめいた。ゴルフコースには排水のための池が掘られ、階段状に岩が切り出されたばかりの壁に隣接していた。

マットは私を石切り場の壁の上に連れて行き、私たちは建築現場を見渡した。ブルドーザーが、土を削り、別の場所に押しやって、ゴルフというゲームのために土地の形を作り変えていた。マットの説明によれば、園主は池のまわりに裸の岩が見えるのが嫌なのだという。そこは爆破されたばかりのように見えた。もちろん、実際にそうなのだった。園主は私に、コケを生やして石切り場の壁を覆う方法を教えてもらいたいのだと言う。「ゴルフコースの背景ですから、園主はそれが昔からそこにあるように見せたいんですよ」とマットが説明した。「イギリスの古いゴルフコースみたいにね。コケが生えていれば古く見えるでしょ、だからコケを生やさないといけないんです」。強力瞬間接着剤を使うには壁は大きすぎた。

酸性の岩面の過酷な環境にコロニーを作れるコケはほんの数種類しかないし、そのどれも青々としているとは言い難い。そのほとんどは、ストレスの多い環境にしっかり耐えられるように順応した、黒っぽくてもろい、カサカサしたかたまりを作るが、ゴルファーがそこを通りかかっても、気づいてさえもらえないだろう。日なたで育つコケの黒い色は、日陰を好むコケなら避けることのできる有害な紫外線からコケを護る、アントシアニンの色素によるものだ。私は、コケの成長は水の供給によるところが大きく、この裸の岩肌にはそれがない、と説明した。湿気がなければ何百年たっても黒いカサカサのかたまりができるだけだ。「ああ、それは問題ないです」とマットが答えた。「噴霧システムを設置できますからね。これ全体を滝にだってできますよ、そのほうがよければ」。どうやら金に糸目はつけないらしかった。だが岩に必要なのは金ではなく、時間なのだ。そして、「時は金なり」という方程式の逆は真ではないのである。

私は相手が気分を害さないように答えようと努めた。たとえ灌漑システムがあっても、園主が想像する緑のじゅうたんが育つには何十年もかかる。いや、成長するかどうかが問題なのではない。コケの成長にとって何よりも重要なのは、コロニーの始まり方だ。私はそれまで、コケがどうやってある岩に根を下ろすのかの研究に少なからぬ労力を費やしてきた。「どうやって」については心当たりがあるが、「なぜ」なのかについての理解は非常に乏しい。風で運ばれた、粉末よりもっと細かい胞子が発芽するには、ちょうどいい条件の揃った微気候による刺激を必要とする。裸岩はコケの住める環境ではない。岩の表面はまず、風や雨にさらされ、それから地衣類が放出する酸で浸食されなければならない。すると胞子は、原糸体と呼ばれる繊細な緑色の繊維を作り、それが岩にしっかりと付着する。それが生き残れれば、小さな芽ができ、葉がふさふさとした茎に成長するのだ。私たちは何度も何度も実験を繰り返し、胞子からコケの茎が生える確率はほとんどゼロに近いことを見てきている。それでも、正しい環境があり、十分な時間をかければ、古い石造りの奴隷の壁のように、コケは岩を包む。つまり、岩にコケのコロニーを作るというのは簡単なことではない。それは神秘的で非凡な現象であって、それを再現する方法は私には皆目わからない。問題をうまく解決できるコンサルタントでありたいのは山々だけれど、大変残念なことを申し上げれば、それは不可能なのだ……。

私たちが場所を移動するたびに、マットは無線でそれを報告した。私たちの正確な居場所を、誰が気にしているのだろう、と私は思った。私たちが園主の家に戻ると、トラック何台分もの巨大な岩が降ろされているところだった。「ここにテラスを造るんです」とマットが言った。「園主は、この岩にも全部コケを生やしたいと言っています。ここは全部日陰になります。だからコケ、ここなら生えますよね？噴霧システムをつければ？」。マットは言い張った。樫の巨木が移植できるなら、コケが移植できないはずがないではないか。単に移植すれば岩にコケを生やせるのではないのか。そして、適切な日陰と水と温度を与えてやれば、枯れないのではないのか。その答えもまた、園主が聞きたがるものではなかった。

根というややこしいものがないのだから、コケを新しい住処に移すのは簡単なはずだと思うだろう。

だが、多年草の花壇に植えた植物が庭のあちらからこちらへと家具を移動するように動かせるのとは、コケはわけが違うのだ。土壌を住処とするスギゴケなど数種のコケは芝草のように移植が可能だが、岩を好むコケはことのほか人間による栽培に抵抗する。細心の注意を払っても、ある岩から別の岩へコケを移植しようとすれば、大概は失敗に終わる。もしかすると、コケを引き剝がす際に、ほとんど目に見えない仮根が裂けたり、修復不可能なほど細胞が潰れてしまうのかもしれない。あるいは、私たちが考え抜いて複製したその生育環境に、何か重要な要素が欠けているのかもしれない。よくわかっていないのだ。だが、ほとんど必ずコケは枯れてしまう。これは一種のホームシックではなかろうか、と私は思う。コケは、現代の人間はほとんど誰も理解できないほど、自分の居場所と強烈な絆で結ばれているのだ。コケが繁殖するには、その場所で生まれたのでなければならない。その生命は、その岩を住処とした前の世代の地衣類とコケの影響に支えられているのだ。胞子が最初に根を下ろすときに、コケは住む場所を選択し、その選択を守り続ける。移住は彼らには向かないのだ。

「じゃあ種を蒔いたらどうですかね?」。マットが尋ねた。希望に溢れた様子で。要求の多い上司に不可能に近い任務を言い渡された、これは彼にとっての初仕事なのだ。私は彼の希望を半分くらいは満足させてやり、できることなら、私が持っているはずの専門知識に対する彼の期待を取り戻したいという気持ちに駆られた。

岩の上にコケを生やす方法を示唆する体系立った科学知識は存在しないが、園芸家たちに伝わる伝承には、コケを生やす一種の魔法があるということが言い伝えられている。試してみる価値はあるだろう。熱心な園芸家たちは長年、岩壁のコケの成長を速め、裸の岩肌に、コケむした古いものであるかの

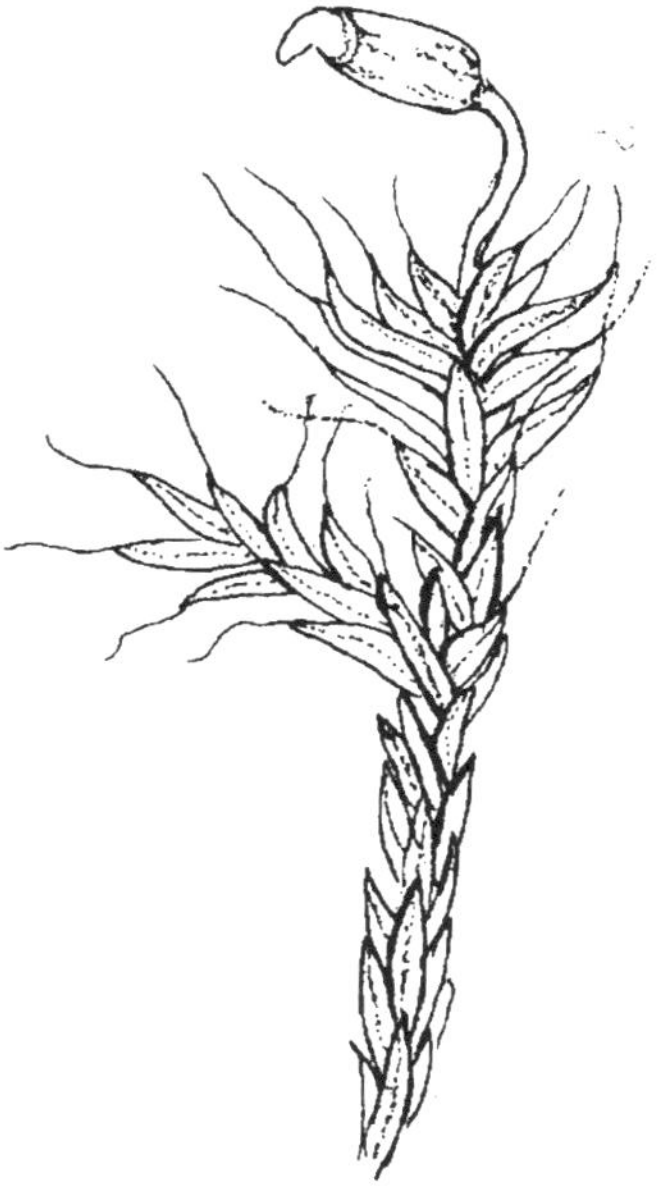

岩に生えるキボウシゴケ

ような風格を与える方法を模索してきたのだ。たとえば岩壁に繰り返し酸をかけるというのを聞いたことがある。酸が岩の表面を溶かし、小さな穴を開けて、それがコケの足場になるというのだ。それはある意味では、ゆっくりと岩を浸食する地衣酸の働きを真似ているわけだ。馬糞を液状にしたものを岩に塗るとよいと断言する園芸家もいる。最初のうちは臭いが、間もなくコケが生えるようだ。一番よく耳にするアドバイスは、それよりはずっと衛生的だ。コケのミルクシェイクである。作り方はこうだ。生やしたいコケを、森の中にある条件の似た岩から採集する。必ず、自分の庭と同じ条件のもとに生えているコケだけを集めること。つまり、同じ種類の岩、陽の当たり方と湿気が似ていることだ。ここを誤魔化してはいけない。コケには違いがわかるのだ。次に、集めたコケを一リットル弱のバターミルクと一緒に、緑色の泡になるまでミキサーにかける。この調合液を岩に塗れば、一年か二年で岩はコケに覆われると言う。このレシピにはさまざまなバリエーションがあり、ヨーグルトや卵白、ビール酵母、その他、家庭にあるいろいろなものが使われる。仮定の話だが、この調合物には一理あるかもしれない。実際にコケは、切り離された葉や茎から再生することができる。条件が整えば、コケの断片は原糸体を伸ばして新しい生息環境に自らを定着させ、そうやって小さな茎が伸びる。自然の中のコケはそうやって繁殖するのだから、もしかしたらミキサーはそのプロセスを助けるのかもしれない。酸性の生息環境を好むコケは多いが、バターミルクがそれを提供するのかもしれない——少なくとも、雨に流されるまでは。

藁にもすがるようなマットに、私はコケのミルクシェイクのレシピを書いてあげると約束したが、どんなテクニックをもってしてもたちどころにコケが生えるという自信はない、と忠告した。

年月が作り出す景観

私たちは、新しくテラスができる場所をブラブラ歩きながらおしゃべりをした。小道に沿って、岩がごつごつした花壇があり、自生種の春の野草が溢れていた。エンレイソウやキキョウ、アツモリソウとおぼしき一群の葉。どれもみな天然記念物だ。彼らが生態系の復元と呼ぶのはこれのことだろうか。ただの花壇ではないか。私がこれらの植物はどこから来たのかと尋ねると、マットは「あなたには関係ありませんよ」という顔をしながら、自分のところですべての花を育てている苗木農園から来たものだ、と請け合った。確かに、苗木にはそれぞれまだ値札がついていた。野生のものは一本も持ってきていません、と彼は強調した。

マットはその日一日、あらかじめ決めた通りに、プロらしいよそよそしさを保とうと努めていたが、彼の地であるおおらかで率直な性格は徐々に隠せなくなっていった。彼を見ていると、世の中に出ていって世の中を変えたくてたまらない私の学生たちが思い起こされた。これは彼が採用された初めての仕事であり、できすぎた話のように思えたこと。創造的な仕事だし、新卒がもらえると思った以上の給料ももらっている。働き始めて一年ほど経った頃、ここの仕事の進め方に疑問を感じて辞めようかと考えたことがある。だが、仕事を続ければ昇給すると園主に言われた。こぢんまりとしたいい感じの家を買ったばかりで、子どもも生まれるところだったので、もうしばらく勤めを続けることにしたのだ。

白ヘルメットの男から見えるところまで来ると、マットは歩調を速め、すべきことは承知している、という風情で、無線機に向かって何か言いながら大股で建築現場を横切っていった。彼の後ろに続きながら、私も忙しい専門家に見えているといいが、と私は思った。頭の中で、「時は金なり」と彼が言うのが聞こえた。私たちは、その広場から車輪のように八方に伸びている道の一本を歩いて行った。

建物から見えなくなると、マットはもう一度後ろを振り返ってから歩調を緩めた。「近道してもいいですか?」と彼が尋ねた。私たちは道から外れて木立に入り、ほんの数歩も歩くと、春の森の香りがディーゼルの匂いを洗い流した。木々に匿われると、彼は目に見えてリラックスした。いたずらっぽい表情で無線機の電源を切り、帽子をお尻のポケットにつっこみながら、彼はにっこり笑った。突然私たちは、学校を抜け出して魚釣りに行く子どものような気分になった。「そんなに遠くじゃないんですが」と彼が言った。「ここの野生のコケがどんなふうか見ていただきたいんです。テラスへの移植を試すのに適した種類かどうか、あなたならわかるかもしれない。例のミルクシェイク方式を試したいんですよ」。彼は樫の木の森を横切って私を案内した。所々、林床に岩が点在していて、私はそこに生えたコケを見ようと立ち止まった。マットはじれったそうだった。「そんなの見なくていいですよ、ここのすぐ上にいいのがあるんですから」。彼の言った通りだった。

岩がごつごつした尾根の頂上まで来ると、地面は急な下り坂になって日陰の多い峡谷に続いていた。私たちは巨大な岩礁の縁を、コケのじゅうたんをこすり取らないよう注意しながら這うようにして下りた。アパラチア地方のこの一帯の岩盤は、長い長い年月にわたる地質学的な圧力によって褶曲《しゅうきょく》し、ねじ曲げられ、それから氷河の動きとともに位置を変えた。その結果、割れた岩が思いもよらない角度で配置された石の彫刻ができあがり、コケむした景観はまるでキュビズムの絵画のようだった。どの岩の表面も、年月によって、老人の顔の皺のように割れ目が刻まれていた。タチヒダゴケは割れ目に沿って黒い線を描き、湿った岩棚にはハネヒツジゴケが厚い層を作っていた。マットが瞬間接着剤を使って庭園に作った作品は、ここからインスピレーションを得たものであるのがわかった。それは美しい、息を呑むような古いコケたちのタペストリーだった。マットは明らかにそこを熟知している様子で、私に岩礁の隅から隅まで誇らしげに見せてくれた。おそらく彼は何度も仕事をさぼってここに来たことがあるのだろう。「園主はテラスをまさにこういうふうにしたいんですよ」と彼が言った。「一度ここに連れてきたら、すっかり気に入ってしまって。だから園主の家でもこういうふうにコケが育つようにする方法を見つければ、それでいいんです」。どうやら私は、問題をきちんと説明できていなかったようだ。私は再度、時間とコケの関係について説明を始めた。この岩礁を覆うコケは、おそらくは何百年も経っているだろう。ここの微気候を正確に再現することが可能で、これと同じ種類のコケでミルクシェイクを作ってそこに植えつければ、育つ可能性はあるかもしれない。そうだとしても、それには何年もかかる。マットは私の説明を全部ノートに書いた。

私たちは道路に戻り、時間をチェックした。コンサルティングのための約束の時間は過ぎていた。マットは、園主は非常にケチで、特に外部の人間を雇う場合には、予定した時間を守らなければならないのだと打ち明けた。作業員たちは、五時に閉まる門まで運んでもらうためにトラックの荷台に乗り込んでいるところだった。車の脇に立って、マットは私に、三日以内に提出してほしいという報告書についての園主からの指示を伝えた。帰り際、私は誰も一度も口にしなかった園主の名前を尋ねずにはいられなかった。「園主というのは誰なの？　このプロジェクトは誰のアイデアなの？」。マットは即座に、慣れた口調で、私の目を見ずに答えた。「それを言うわけにはいかないんです。とても裕福な方ですよ」。そんなことは私にもわかっていた。

門に向かって車を走らせながら、私はその日ついぞ目にしなかった生態系の復元が行われている気配はないかとあたりを見回した。だが、家とゴルフコースしか見えなかった。やはりできすぎた話だったのだ。私は、これだけの資産と人材を投入して庭園を造ろうというパワフルな人物が、名前を隠し、姿を見せずにいることについて頭をひねった。これは目立つことを嫌う慈善家が匿名でいたがっているということなのか、それとも、悪名高い人物がその素性を隠しているのだろうか。

私が間もなくこの場所を去るということは先に無線で伝えられていて、敷地の外れまで来ると門が開き、私の背後でなめらかに閉まった。

二度目の依頼

オフィスに戻ると私は退屈な報告書を書いた。私は「園主殿」に、彼がしようとしていることはほとんど不可能だということを教えようとした。世界中のお金をつぎ込んだところで、裸の岩の上のコケの生育を速めることはできない。それには時間が必要なのだ。報告書は、その日見たすべてのコケの種類の一覧と、それぞれが必要とする環境の説明、それからコケの庭に適したコケを選ぶためのガイドラインも含んでいた。また、真面目な研究者がみなそうするように、もし彼らが本当に岩にコケを生やしたいのなら、共同研究プロジェクトに出資することを検討してはどうかと提案した。そして、バターミルクと肥やしを使ったミルクシェイクのレシピも加えた。やってみなければわからないではないか。

数週間後、郵便で報酬の小切手が届いた。私はその仕事をしたことをあまり嬉しく思わなかった。植生復元に関する教育のためのプロジェクトだという謳い文句はどうも、コケ好きで、物事を支配することに情熱を燃やすある裕福な人物の新居の庭園を造園するための、税金対策のように思えたのだ。作業員たちがトラックで向かっていたその先で、立派な植生復元作業が行われていたのかもしれないが、私はそれを見ていない。

だから、一年後にマットから電話があったときには驚いた。もう一度来て手伝ってもらえないかと言うのだ。ずいぶん進展した庭園をぜひ見てもらいたい、と彼は言った。だが着いてみると彼の姿はどこにも見えなかった。私の案内を任されたキビキビした若い女性が私を迎えた。マットのことを尋ねると、彼は別のプロジェクトの担当になった、ツツジ園かもしれない、と言う。彼女は私を園主の家のほうにせき立てた。「園主はテラスのコケの様子を見てもらいたいそうです。先月完成したばかりなんです」。

ものすごい変貌ぶりだった。そこはわずか一二カ月のうちに一〇〇年も年を取っていた。ケンタッキー州から来た樫の木はまるで最初からそこで育ったかのように見えたし、建設用の煉瓦や石があったところは緑の芝生になっていた。去年の春、裸の岩のかたまりがあったところには、今ではアパラチア山脈の尾根の自然の植生が見事に復元されていた。しなやかな幹を持つフレイム・アザレアが黒っぽい岩の上に明るい彩りを添えていたが、そのまわりには、自然の環境に見えるようにいろいろな植物がごちゃ混ぜに植わっていて、ヤニマツは深い割れ目の中から生えているように見えた。ワラビとヤチヤナギのかたまりが、使い古されたガーデン・チェアの並んだ一画に続く歩道の脇を飾っていた。庭は確かに年月を経ているように見えた。そして信じられないことに、どの岩もコケに覆われていたのだ——まさに正しい種類のコケの、厚いじゅうたんに。岩の頂上はハネヒツジゴケに覆われ、側面にはヒジキゴケが下がっている。タチヒダゴケは岩に刻まれた裂け目の縁を巧みになぞり、古い羊皮紙に黒インクで書かれたカリグラフィーの文字のようだ。見事だった。あらゆるディテールが完璧だった。そしてそれは、できてから二週間しか経っていなかったのだ。こんな結果が得られるなら、コケのミルクシェイクの価値を見直したほうがいいかもしれない。

私の案内役は、庭園に対する私の手放しの称賛ぶりにはさして興味を示さなかった。スケジュールが詰まっているのだ。彼女は私を家の反対側の中庭に急がせた。そこは一面、移植された木々の足元の地面が、敷石で綺麗に覆われていた。「園主は、敷石と敷石の隙間に生えてくるコケをどうやったら排除できるか知りたがっています」と彼女は言って、ノートの上にペンを構えて答えを待った。答えようがなかった。ある場所にコケを生やすのにこんなに手間をかけておいて、コケが自然に生えるところからは排除したいとは。

私たちは、土木機械がやかましく出たり入ったりしているメインの作業準備場に戻った。耳障りな無線機からの声、作業ユニフォームを着た男たち、そしてその緊迫感のおかげで、そこはまるで軍事作戦の現場のようだった。安全ヘルメットを被った軍曹がジープに乗って走り回り、シャベルや剪定のこぎりを担いだグアテマラ人歩兵は無蓋のトラックの荷台で運ばれていく。そのすべてが園主の命令で行われているのだ。

私自身もジープに慌ただしく乗せられ、樫の森にできた切り傷のような、真新しいでこぼこ道を進んだ。私の迎えによこされた運転手は、私たちが向かっている先のことはほとんど知らなかった。マットに会えるのだろうか。運転手が、もうすぐ着く、と無線機に向かって大声でどなった。間に合わせの道路は小さな空き地で終わり、そこには鮮やかな黄色のクレーンがあった。日の当たるところに、空の荷台が積まれていた。空き地の縁の日陰には、黄麻布の服を着て荷造り紐を体に巻きつけた不思議な人たちがいた。まるで、覆いが取り去られるのを待っているたくさんの彫像のようだった。森の中には筋肉隆々とした男性の一団がいて、ヘルメットをつき合わせて何やら話し合っていた。そのうちの一人がこちらへやってきて、熱烈に自己紹介した。ピーターと言って、天然の岩を専門とする造園デザイナーだった。お会いできて大変嬉しい、この先の作業を進める前にアドバイスが必要なので、と彼は言った。

アイルランドから来た彼の話し方には心地よいアクセントがあった。園主はこのためにわざわざ私を呼び寄せたんです。コケを台無しにしないかと心配なので、見てもらえませんか？　私たちが男性の一団のほうへ行くと、彼らはじっくりとこの新入りの「コケおばさん」の品定めをした。

この男たちは、計画爆破処理チームだった。一流の石切り工のグループで、イタリアから派遣されてきたのである。私たちの目の前に、彼らがさかんに吟味中のものがあった。それは厚くコケに覆われた、ゴツゴツした岩礁だった。私にはすぐにそこが、昨年マットが私を連れてきた峡谷であることがわかった。その半分は消えていた。このチームはとても仕事熱心なのだ。岩のデザイナーであるピーターが、この崖の中から一番美しい部分を選ぶ。片岩に石英脈が走り、コケがことのほか綺麗に並んでいるところだ。次に石切り工たちが弾薬を仕掛ける位置を慎重に計算して、崖の表面から岩を吹き飛ばす。そして下々の者が、岩をクレーンで吊り上げて荷台に乗せ、貴重なコケを保護するために水を含ませた黄麻布で覆う。突然、テラスにあった見事な岩は、バターミルクの塗布とは何の関係もないのだということを私は理解した。私は手のひらが汗ばむのを感じた。

病める岩とコケたち

彼らは矢継ぎ早にあれこれ質問した。爆破の前に岩を黄麻布で覆うべきか。ピーターの選択は正しいだろうか——これらのコケは移動しても枯れないか。コケはどのくらいの時間覆っておいても大丈夫か。ピーターと一緒に、コケが元気に育つような岩の配置をアドバイスしてはくれないか。庭に移されるとコケは元気をなくすようで、園主がお腹立ちである。岩を一つ切り出す費用は膨大で、一個でも無駄にしたくない。彼らは私のことを、この仕事のために雇われた新しいチームメンバーだと思っていた。私はこの仕事を不満に思っている人はいないのかと彼らの顔を見回したが、そこにはこの仕事をやり遂げようという熱意しか見えなかった。私は呆然とした。まるで殺し屋として園主の罠にはめられたように感じた。私は、自分のアドバイスがこんなふうに使われ、自分が知らない間に破壊のためのコンサルタントになるなどとは夢にも思っていなかったのだ。

盗んだコケに対する作業員たちの扱いは完璧で、コケを健康に保ちたいという彼らの気持ちは純粋だった。彼らはコケに水をやり、移動の際には慎重に黄麻布に包んだ。コケを枯らさないためなら、私の言うことは何でもやる気だった。もともとあった場所から引き離されると、コケは病気にかかるらしく、青々していたものが黄色くなってしまう。園主は、コケが枯れてしまうのなら、岩を移植して無駄なお金を使いたくない。そこで彼らは、症度判定のための設備を作って、移動できそうなコケの健康を取り戻し、移動に耐えられなさそうなコケは間引こうとしていた。その設備というのは、園主の家に続く道路に沿って草原の中に設営された大きな白いテントだった。それは、戦場で傷を負った兵のために設営された野戦病院にそっくりだった。四方には、テント内の湿度を保つために日除けの幕が降ろされ、噴霧器のノズルからは水が噴き出していた。彼らは金には糸目をつけていなかった。荷台には、爆破によって傷ついた岩が置かれ、その上に元気のないコケが弱々しく貼りついていた。

私の役目は、診断と処方だった。どの岩なら安心して園主の家に移せるか、そしてどの岩を破棄すべきか。私は港で奴隷船を迎えるために雇われた医師を思い出した。彼らは人間という積み荷を調べ、売りさばくための一番健康な者たちを選んだ。移植された環境で生き残れる可能性が最も高い者たちだ。奴隷として売られるのと、後に残されて死ぬのと、マシなのはどちらだっただろうか。病める岩たちの間を歩き回りながら、私は岩と同様に、混乱し、無力感を感じていた。やめて、と彼らに向かって叫びたかったが、遅すぎた。そして私も共犯なのだ。自分が何を言ったのか、私は覚えていない。すべての岩を生かせと言ったのだとよいが。

私は園主に会って、この裏切りを面と向かって糾弾したかった。まやかしの古さで自分の庭を飾るために、青々とコケむす自然の岩礁を破壊するこの男はいったい何者なのだろう。いったい何者が、時間を、そして私を金で買ったのだろう。園主。この顔のない存在が持つ、誰もその名を口にできないほどの支配力とは一体何なのだろう。

何かを所有するというのはどういう意味なのか、私は理解しようとする。特に、野生の、生きた存在を所有するということを。それは、自分だけがその命運を決める権利を持つ、ということだろうか。意のままにそれを処分したり、他の者にそれを使わせない、ということだろうか。所有というのは、人間にしかない行動に思える。それは、無益な所有と支配に対する欲望を正当化する、社会契約なのだ。

自慢のためにもともと自然の中にあるものを壊すというのは、それを自分が支配しているということを示すのに有効な行為だ。が、野生は採集されたら野生ではなくなる。それが生まれたところから切り離された瞬間に、その本質は失われる。所有する、という行為そのものによって、それはもはやそれ自身ではなく、単なる物体になってしまうのだ。

崖を爆破してコケを盗むというのは罪だが、法を犯してはいない。なぜなら園主はその岩の「所有者」なのだから。この奪取を、生態を破壊する行為と呼ぶのは簡単だ。だが、その同じ人物が、コケの生えた岩を丁寧に包むために外国から専門家チームを呼び寄せたのである。園主はコケを愛しているのだ。それと、権力の行使を。いったん彼のデザインした景観に適合したならば、そのコケを危害から護りたいという彼の気持ちが真摯なものであることは間違いない。でも、人は何かを所有し、同時に愛することはできないのだと私は思う。所有という行為は、相手が本来持っている存在の独立性を侵し、所有する者には力を与え、所有される者の力を奪う。もしも彼が本当に、支配することよりもコケそのものを愛しているならば、彼はコケをそっとしておいて、毎日そこまで歩いて会いに行ったことだろう。バーバラ・キングソルヴァーはこう書いている。「私たちが大切にしているものを正当に評価し、自分の独占欲という抱擁の外側でそれが花開くことを応援するためには、この上なく無私の愛を必要とする」。

園主がその庭園を見るとき、彼はそこに何を見るのだろうか。もしかしたらそこには生きたものは何もなく、彼のギャラリーの、音を封じられたドラムと同様に、生命を持たない芸術作品があるだけなのかもしれない。彼にはコケの本当の姿は見えないのではないかと思う。それでいて、彼はそれが実物に忠実であることを何よりも望んだ。彼は、本物のコケのコミュニティを手元に置き、客がその構想を褒め称えてくれるためなら、大金を払うことを厭わなかった。だが、コケを所有したとき、それは本物ではなくなる。コケは、彼のペットになることを、選んだわけではなく、強制されたのだ。

私は、試合に参加しようとしないチームメンバーに向けられる冷ややかさとともに作業準備場へ連れ戻された。ぐったりして自分の車に向かって歩いていたとき、マットが彼のトラックに乗ろうとしているのが見えた。彼は愛想よく、自分は別のプロジェクトに担当替えになったのだと言った。もう自分はコケについては責任がないのだ、と、明るく、本当にそう信じている表情で彼は言った。でも、私の関心を知っているので、もう一つだけ見せたいものがあると言う。彼は家に帰るところで、勤務時間外だった。そこで私たちは彼のオンボロの小型トラックに乗り込み、彼は絶え間なく命令を送ってくる無線機の電源を切った。私たちは彼の生まれたばかりの娘のことやツツジについて話したが、園主のテラス庭園のことには触れなかった。彼は森の中を抜けて、敷地の一番外れの境界の、警備用の道路が走っているところに私を連れて行った。敷地の境界は、鹿やその他の動物が侵入できないように、外に向かって角度をつけた四本鎖の電気柵で仕切られていた。柵の下の地面一帯はすべて除草剤が撒かれ、植物はすべて枯れてしまっていた。シダも、野草も、灌木も、木も、幅三メートルあまりの帯状に排除されていたのだ。何もかも枯れてしまった――コケ以外は。化学薬品の影響を受けないコケがその場所を占拠し、コロニーが集まって、無数の緑色から成るものすごいキルトを作っていた。園主の本当のコケ庭園はここにあったのだ――その家から遠く離れ、電気柵の下で除草剤の雨に打たれながら。

森からコケへの感謝の祈り

コケは森に不可欠

風が吹きすさぶ、静かなメリーズピークからは、苦闘の歴史を望むことができる。一一〇キロほど先に輝く海までの土地は細かく分断されて、赤い土が見えるところ、なめらかな青緑色の斜面、鮮やかな黄緑色をした多角形、そして形のはっきりしない深緑の帯が、不安げに隣り合っている。オレゴン州のコースト・レンジ山脈は、皆伐された区画と、凄まじい勢いで復活中の、二世代目、三世代目のダグラスファー（ベイマツ）の植林区画のパッチワークだ。そのモザイクのような景観にはまた、ところどころに原生林の名残も混じっている。かつてはウィラメット・ヴァレーから海までずっと広がっていた原生林だ。私の目の前に広がる風景は、パターン柄のキルトと言うよりも、ぼろぼろの布きれに見える。私たちはどんな森が欲しいのか、それを決められずにいる優柔不断さが表れているのだ。

太平洋岸北西部の針葉樹林は湿度が高いことで知られる。オレゴン州西部の温帯雨林は、最大で年間三〇〇〇ミリもの降雨量がある。雨が多く温暖な冬のおかげで木は一年を通じて成長し、それとともに、木に生えたコケも成長する。温帯雨林はどこもかしこもコケで覆われている。切り株や倒木、そして林床全体が、激しくもじゃもじゃしたフサゴケのじゅうたんや、半透明のツルチョウチンゴケのかたまりで緑色をしている。木の幹には、大きな緑色のオウムの胸の羽を思わせるデンドロアルシアがフサフサと生えているし、ツタカエデは、長さ六〇センチもあるヒラゴケやヒメコクサゴケのカーテンの重みでしなって弧を描く。こういう森に足を踏み入れると、私は胸の高鳴りを抑えられない。もしかすると森の空気は、つややかなコケの葉を通り過ぎるときに変化して、コケの息吹を吹き込まれた空気には、人を酔わせる何かがあるのかもしれない。

この森の、そして世界中の先住民たちには昔から、世界が健全であるために魚や木々、太陽や雨が果たしている役割を認める感謝の祈りを捧げる風習がある。私たちの生活に結びついているすべての存在の名を呼び、感謝するのである。朝、感謝を捧げるとき、私は一瞬耳を澄ませて返事を待つ。よく、大地には今でも人間に感謝を返す理由があるだろうか、と考えてしまう。森が誰かに祈りを捧げるとしたら、それはコケへの感謝ではないかと思う。

この森のコケが美しいのは、見た目だけではない。コケは、森の働きにとって不可欠なのである。温帯雨林の湿度の中で、コケは元気よく繁茂するばかりでなく、その湿度を生むのに重要な役割を果たすのだ。雨が林冠に落ちると、そこから地面までにはいくつもの経路がある。降った雨が直接地面に落ちることはあまりない。私は、土砂降りのときに森の中にいたが、まるで傘をさしているかのように濡れなかった、という経験がある。雨粒は葉に受け止められ、小枝に向かって葉を滑り落ちる。小枝と小枝の接点で、二つの滴が一つになり、さらにまた二つ、と加わって、枝が合流するところにはほんの小さ

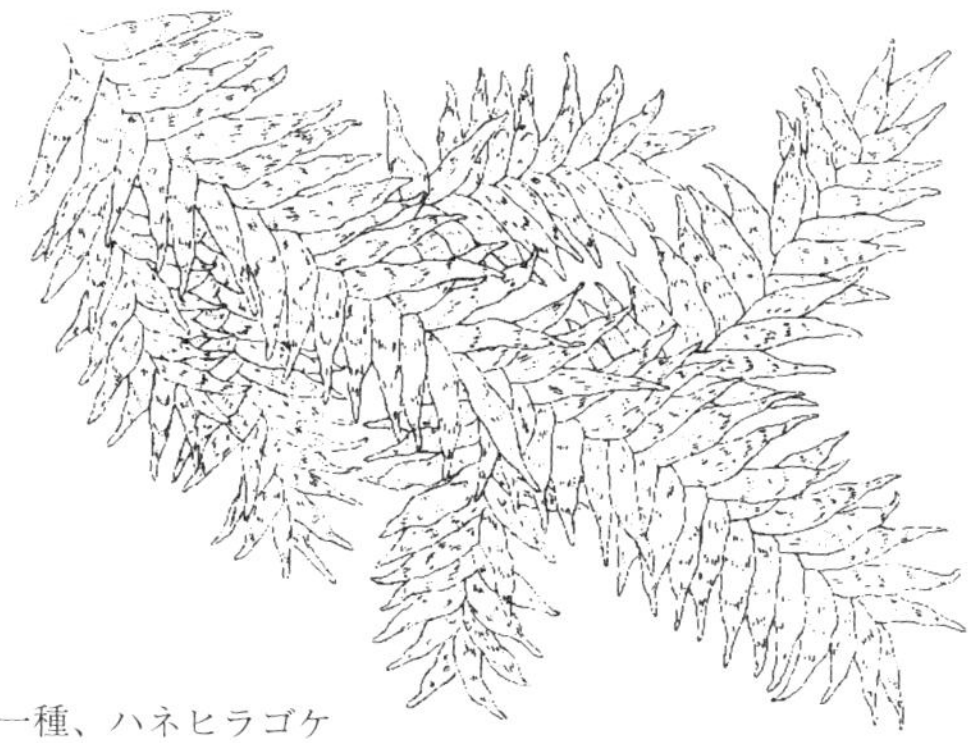
着生のコケの一種、ハネヒラゴケ

な小川ができる。まるで樹上の川の支流であるかのように、すべての小川は木の幹を伝い落ちる水流に向かう。森林監督官たちはこの、幹を流れ落ちる水を「樹幹流下」と呼ぶ。木の枝や葉から滴り落ちる水は「通過流」だ。

私は、豪雨のさなかに頭からフードを被って木の幹の近くに立ち、そこで洪水が起きるのを眺めるのが好きだ。最初の水滴は、雨が乾いた地面に吸い込まれるように樹皮に染み込み、コルク層が水分を吸収する。それから樹皮の溝になみなみと水が満ち、ついには溝の縁を越えて、幹全体を滝のように流れ落ちる。樹皮が盛り上がったところにはナイアガラの滝のミニチュア版ができ、その奔流が地衣類の一部やなすすべのないダニを流れに巻き込む。大小の枝を通過しながら、水はそこに溜まっていたものを一緒に押し流す。埃、昆虫の糞、顕微鏡サイズの死骸など、そのすべてが押し流されて水に溶けるので、樹幹流下は、もともとの雨水よりもはるかに養分が豊富である。要するに、雨水が木を洗浄し、風呂の水を、待ち構える根にまっすぐに届けるのだ。洗われた樹皮から土壌に養分がリサイクルされることで、貴重な木の養分は保たれ、それが林床から失われるのを防ぐ。だから、土はコケに感謝を捧げる。

ちょうど、枕型の砂袋が小川を堰き止めるように、コケのかたまりは、木の幹を伝い落ちる雨水の流れを遅くする。水がコケの上を流れるときに、その大部分はコケのかたまりが持っているごく小さな空間に吸い込まれる。水は細くなった葉の先端に捉えられ、小さな雨樋に集められて、葉の一枚一枚の根元にあるボウル状のへこみに溜まる。コケのコロニーには枯れてしまった部分もあるが、その古い葉や絡まり合った仮根にも水分を捉えることはできる。オレゴン州のコケが溜める雨の量は計測されたことがないが、コスタリカの雲霧林では、一度の降雨で、森林一ヘクタールあたり五万リットルの水を吸収した。森林を伐採すると、間もなく洪水が起きるというのもよくわかる。雨が止んだ後も、コケむした木の幹は水が染み込んだままの状態を長時間保ち、先週降った雨をゆっくりと蒸発させる。林冠から日の光が射し込み、コケのかたまりに当たると、湯気が立ち昇るのが見える。だから、雲はコケに感謝を捧げる。

毎晩、海からは霧が流れ込む。はるか頭上の林冠では、銀色の木の実を摘むように、それを集めようとコケが待ち構えている。コケのコロニーの入り組んだ表面はビーズ玉のような水滴に覆われ、毛のような細い葉先と細かな枝が霧の飛沫を凝縮させる。さらに、コケの細胞壁には、イチゴを煮詰めてジャムにする働きを持つゲル化剤、ペクチンが豊富だ。ペクチンによってコケは、水蒸気を空気中から直接吸収することができる。たとえ雨が降らなくても、林冠に生えたコケは水分を集め、それをゆっくりと地面に落として、木の成長のために土壌の水分を守り、そうして今度は木がコケを養うのだ。

労働する森

私は紙が好きだ。大好きだ。軽くて強いところや、何かを書きたくなるその空白が。じっと私を待つまっさらな白い長方形のまわりを、なめらかな樫のデスクが縁取る。樫の木目は波紋のように広がり、それが光を受けるさまはどんな石油加工製品も敵わない。私は私の小屋のパイン材の壁や、秋の夜、暖炉で燃える木の匂いも好きだ。こうした林産物を熱烈に愛しているにもかかわらず、高速道路を木材運搬トラックが通ると私は悲しくなる。雨の日、その幹にコケのかたまりがしがみついていて、脇を通るセミトレーラーが撥ね上げる汚い飛沫を浴びているのを見るとなおさらだ。ほんの数日前まで、この木材はまだ木だったし、このコケたちは、高速五号線でタイヤが撥ね上げるディーゼルの排水ではなく、森の水分をいっぱいに含んでいたのだ。

私は私自身の抱える矛盾について、ついつい考えてしまう——ぐらぐらになった歯を舌でつっつくように。私は身のまわりを本物の林産物で囲んでおいて、そういう私の欲望が生む皆伐林に抗議しているのだ。オレゴン州では、皆伐林こそが「労働する森」——つまり、私の紙の束や家の屋根板を産出する労働者階級の木々である。私は、断片化した景観に見られるのと同じ葛藤に板挟みになっているのだ。自分の無知さに立ち向かうため、皆伐林に行ってみなくては、と私は決意した。

よく晴れたある土曜日の朝、友人のジェフと私は、コースト・レンジ山脈の皆伐林に車で向かった。皆伐林はすぐに見つかる。公営の幹線道路と伐採地の間には、木を伐らない緩衝帯を残して市民の景観を守ることが連邦指令によって義務づけられている。収穫せずに木を残さなければならないことに伐採業者は不平を漏らすが、この薄っぺらい目隠しの森は、道路を走る車に森が手つかずであるかのような錯覚を与え、市民の抗議を抑え込んで、木材産業の役に立っているのかもしれないのだ。私たちは、門と警告の標識を通り過ぎて新しい伐採道路に入った。そこには、伐採地と私たちを隔てる目隠しの幕は存在しない。私たちはもう少しで回れ右をするところだった。吐き気がするのは断崖絶壁の上を走って目眩がしているせいだし、冷や汗をかいているのは反対からトラックが来るのが心配だからだ、と私は自分に言い訳をした。だが、それが恐れと、いたるところに見られる暴力のせいであることが私にはわかっていた。そして嘆きだ——切り株から湧き起こり、私たちの皮膚を通して染み込んでくる嘆きなのだ。

それは誰もが目を背けたくなる光景だが、私たちは自分の選択が引き起こす結果を直視すべきである。ジェフと私はハイキングブーツに履き替え、斜面を横切るように歩き始める。私は懸命に、生き残ったコケの存在を、回復の最初の徴候を示すものを探す。だが目に入るのは、切り株と、ずたずたにされ、灼熱の太陽に焼かれて赤茶色になった植物が横たわる荒れ地だけだ。植物が青々と茂っていた林床は切りくずの列に取って代わられていた。湿った土の香りのかわりに、切り株から滲み出る樹液の匂いがした。隣接する原生林区画とこの皆伐林に、きれいな雨が同じだけ降っているとは信じられなかった。ここの地面はまるでおがくずのように乾ききっていたのだ。どれほど雨が降っても、それを溜める森がなくては役には立たない。皆伐林の水が流れ込む川は、森の中を流れる川よりもずっと水量が多い。そして、コケの生えた森が溜めることのなかったその水は、土が混じって茶色に濁り、土を海に向かって運びながら、サケが遡る川を浅くしてしまう。だから、川はコケに感謝を捧げる。

生々しい傷のついたこの土地には、ダグラスファーの苗木が植樹される。効率のよい単一栽培である。だが、森にあるのは木だけではない。そして、伐採された土地には二度と再び棲めない生物も多い。森が機能するのに不可欠な地衣類やコケ類が再生中の森に広がるにはとても時間がかかる。森林の研究者は、森の生物学的多様性の回復を促進させる管理方法を見つけようと努力を重ねている。古い倒木は菌根とサンショウウオの住処に、枯れた木はキツツキのために、残したままにしておかなければいけない。着生植物の再生を早めるための誠実な取り組みの一環として、森林政策は現在、新しい森にコロニーを作るコケの一時避難所として、古い木を何本か残しておくことを規定している。ダグラスファー単一種の森に、残された数本の木からコケが生え広がる、というのは楽観的な考え方だ。だがそのためにはまず、切り株の海に浮かぶ無人島のように残されたコケが、周囲の森がなくなってしまったことに耐えて生き延びなければならない。

斜面のずっと下のほうに、生き残った木が一本あった。ストライプの目印テープで作ったリボンが、熱風にはためいている。法的義務を守り、森に再び種を蒔くために、この木は残しておくこと、という、伐採作業員のための目印だ。私は、切り落とされた大きな枝の絡まりを避けながら、その木に向かって斜面を横滑りして下りていく。雨で斜面に溝ができていた。飛び越えると、着地したところに土埃が舞い上がった。生き残った木は、地球上に残された最後の人のように、ぽつんと立っていた。のこぎりの歯は免れても、まわりの木がみないなくなり、ローゼンバーグの製材所へと高速道路を運ばれてしまったのでは、嬉しくはないだろう。

生き残った木の根元には木陰があるだろうと思っていたが、その枝はあまりにも高く、影はずっと離れた切り株の間に落ちた。樹冠を見上げた私には、この木を選んだのが誰であれ、正しい選択をしたことがわかった。それは、古い森に特徴的な、樹冠に豊かに展開する生物コミュニティの典型的な例だったのだ。幹と枝はコケの残骸に覆われていた。その緑色の部分は日光に色褪せ、茶色いマットは剝がれかけていた。ひからびたシダの根茎の残骸がコケの下に露出していた。アンティトリキア（*Antitrichia*）のマットの剝がれた縁が風に乾いた音を立てた。私たちは言葉もなく立ち尽くした。

コケには変水性という特質があって、乾いても水が戻ってくれれば回復する種類がたくさんある。だがこの木に生えたコケは、いつでもたっぷりと芳しい水分がある森の環境に慣れていて、その耐性限界を超えてしまった。日に照りつけられ、ひからびて、また森が回復するまではおそらく耐えられないだろう。森林政策を決定する人たちが、コケについて、また将来の森におけるコケの存在について考慮した、ということには勇気づけられる。けれども、コケは森という織物の中に織り込まれているのであって、それだけで存在することはできないのだ。回復した森でコケが生息するためには、生き残るための避難所を与えられなくてはならない。発言権を与えられたならば、彼らはきっと、水分を保持するのに十分な広さと、コケのコミュニティ全体を養えるだけの日陰のある土地を求めることだろう。コケに適した環境はまた、サンショウウオやクママムシやモリツグミにも適している。

巣作りの素材

コケと湿度の間にはポジティブ・フィードバックループができあがっている。コケが多ければ多いほど湿度は高くなり、湿度が高くなれば、いやおうなしにコケが増えるのだ。鳥のさえずりからバナナ・スラッグ（巨大ナメクジ）まで、温帯雨林に欠くことのできない特徴はすべて、コケから絶え間なく吐き出される呼気のおかげである。飽和空気がなければ、小さい生き物たちはあっという間に乾いてしまう。途方もなく大きなS／V比（容積に対する表面積の比）を持っているためだ。空気が乾けば、彼らもまた乾燥する。だからコケがなかったら、昆虫の数も減るし、食物連鎖的にその上の段階にいるツグミも減少する。

昆虫はコケのマットの中に身を寄せるが、コケの茎を食べることはめったにない。タンパク質が豊富な、大きな胞子体を除けば、鳥や哺乳類もまたコケを食べることは敬遠する。コケを食する生物が皆無に近いのは、コケの葉はフェノール化合物の濃度が高いせいかもしれないし、あるいは、栄養分が低いので食べる意味がないのかもしれない。また、コケの細胞壁は硬くて消化もしにくい。コケを摂取する動物は、ほとんどそのまま排泄することが多い。コケの繊維が消化不可能であることは、驚くようなところからも報告されている――冬眠中のクマの肛門栓だ。どうやらクマは、冬眠穴に入る直前に大量のコケを食べることがあるらしい。コケはクマの消化器官をすっかり詰まらせてしまい、長い冬眠の間、排便を遮るのである。

実にさまざまな昆虫が、その幼虫期をコケのマットの上でのろのろと動き回って過ごし、変態の瞬間その姿を現す。身をくねらせて古い皮膚を脱ぎ捨てると、彼らは自由の身となり、コケによって潤った空気の中へ、新しい羽を広げ、思いきって出かけていくのだ。彼らは餌を食べ、交尾し、数日後、コケのクッションの上に卵を産み落として飛び去る。そしてチャイロコツグミの餌になるのだが、その卵もまた、コケを敷き詰めた巣に抱かれる。

やわらかくしなやかなコケは、ミソサザイのベルベットのようなまあるい巣からモズモドキの吊り籠形の巣まで、さまざまな鳥の巣作りに使われる。コケが一番役に立つのは巣の底に敷いた場合で、壊れやすい卵を衝撃から護り、保温層となる。私は一度、小さなハチドリの巣の縁を、垂れ下がったコケが風にはためくチベットの祈りの旗のように飾っているのを見たことがある。鳥からコケに捧げられた感謝の祈りのように。巣作りの素材をコケに頼っているのは鳥だけではない。ムササビ、野ネズミ、シマリス、その他たくさんの動物が、巣穴にコケ植物を敷く。クマも同様だ。

マダラウミスズメは、太平洋沿岸の豊かな海洋生物を餌にする海鳥だ。過去数十年にわたってその数は減り続け、今では絶滅危惧種に挙げられている。減少の原因はわかっていない。他の海鳥たちは、餌が豊富な海岸に沿って巣をかけ、岩壁や海山に集団繁殖地を作る。だがマダラウミスズメは決してそれをしない。彼らは巣の場所を隠しているのだろうと思われてきた。ただの一つも目撃されたことがなかったからだ。実際は、マダラウミスズメは古い木のてっぺんに巣を作る。海岸の餌場からは遠く離れたところだ。彼らは毎日、遠いときには八〇キロも内陸の、コースト・レンジ山脈の原生林まで飛んでいく。彼らの姿が消えたのは、原生林が消えたことが主な原因なのだ。研究者たちは、ほとんどのウミスズメが、太平洋岸北西部に特有の、金色がかった緑色がふさふさとしたイタチゴケ科の蘚類で作った巣に卵を産むことを発見した。コケとウミスズメというこの組み合わせは、ともに原生林に依存しているのだ。

「森」というコミュニティを一つに繋ぐ

森は、そのすべてがコケという糸で縫い合わされているかのようだ。その糸はときには目立たない地布を紡いでいることもあれば、人目を引く鮮やかなシダの緑色のリボンを縫い合わせていたりもする。原生林の木の幹を飾るシダ類は、裸の木肌に直接根を張ることは決してなく、必ずコケの中に根を生やす。シダが生えるのもコケのおかげなのだ。アマクサシダの根茎はコケの下の、木に付着した有機土で固定されている。

見上げるような木と、ごく小さなコケの間には、その誕生に始まってずっと継続する関係がある。コケのマットは、幼い木の苗床の役割を果たすことが多々あるのだ。マツの種子は、裸の地面に落ちると、大雨に叩かれたり、餌を漁るアリに運び去られたりする。あるいは生えたばかりの細根が日光で乾いてしまう。しかし、コケの布団の上に落ちた種子は、裸の地面よりも長時間水を保持できる葉の茂ったコケの中に安全に抱かれて、幸先のよいスタートを切れるのである。種子とコケの相互関係は、必ずしもポジティブなものばかりとは限らない。種子が小さくてコケが大きいと、苗の成長が抑制されることもある。だが、木が根付くのをコケが助ける場合は多い。コケむした倒木はよく、「乳母の木（nurse log)」と呼ばれる。森の中に時折見かける、まっすぐ一列に並んだアメリカツガは、そうやって乳母の木が与えた栄養の名残だ。湿った倒木の上で一緒に芽生えた苗木が育ったのである。だから、木もコケに感謝しなければいけない。

湿度はコケを生み、コケはナメクジを呼ぶ。コケむした倒木の上を這い回り、一五センチにおよぶ斑模様の黄色い体を道に横たえてハイカーをびっくりさせる軟体動物、バナナ・スラッグは、太平洋岸北西部の森の、非公式なマスコットと言っていいだろう。ナメクジは、コケのマットに住む多様な生き物を食べ、ときにはコケそのものも食べる。小さなものになら何でも興味がある生物学者の友人は、あるとき、バスを待っている間にナメクジの糞を拾って家に持ち帰り、顕微鏡で観察した。思った通り、糞には小さなコケのかけらがいっぱいで、彼は喜んで私に電話をかけてその朗報を伝えてくれた。ナメクジはコケを食べ、お返しにコケを拡散させるのだ。生物学者の話題は夕食のテーブルには向かないかもしれないが、私たちが退屈することはめったにない。

バナナ・スラッグを最もたくさん見られるのは朝のうちで、倒木にはまだ彼らの通った粘液の跡が光っている。露が乾く頃には、彼らは雲隠れするようだ。だが彼らはどこへ行くのだろう。ある日の午後、腐りかけの倒木の植生を観察していた私は、バナナ・スラッグの隠れ家を見つけた。巨大な倒木からツクシナギゴケのレイヤーを剝がしていたら、そこにバナナ・スラッグの一大共同寝室らしきものがあったのだ。バナナ・スラッグは一匹ずつ、多孔質の木にできた部屋の中にいて、それぞれ、ひんやりと湿った木とコケの毛布の間に丸くなっていた。私は、眠っている彼らに陽が当たる前に、急いで彼らに覆いをかけた。ナメクジも、コケに感謝しなければ。

林床の倒木には生態系の養分循環に欠かすことのできない役割があり、そこに暮らすのはナメクジや昆虫だけではない。腐敗を引き起こす菌類もそこに生息していて、その生存は倒木の中の安定した湿度に依るところが大きい。コケの膜が倒木を乾燥から護り、菌糸体が繁殖しやすい環境を作る。糸のような菌糸体は、分解マシンである菌類の、目には見えない部分である。菌類の中には、厚いコケのマットの上にしかないものがいろいろある。見事なキノコ類は、小さな花壇に花が咲くように倒木からにょきにょきと伸びる目立ちやすい生殖相だが、それは氷山の一角にすぎないのだ。キノコもコケに感謝だ。

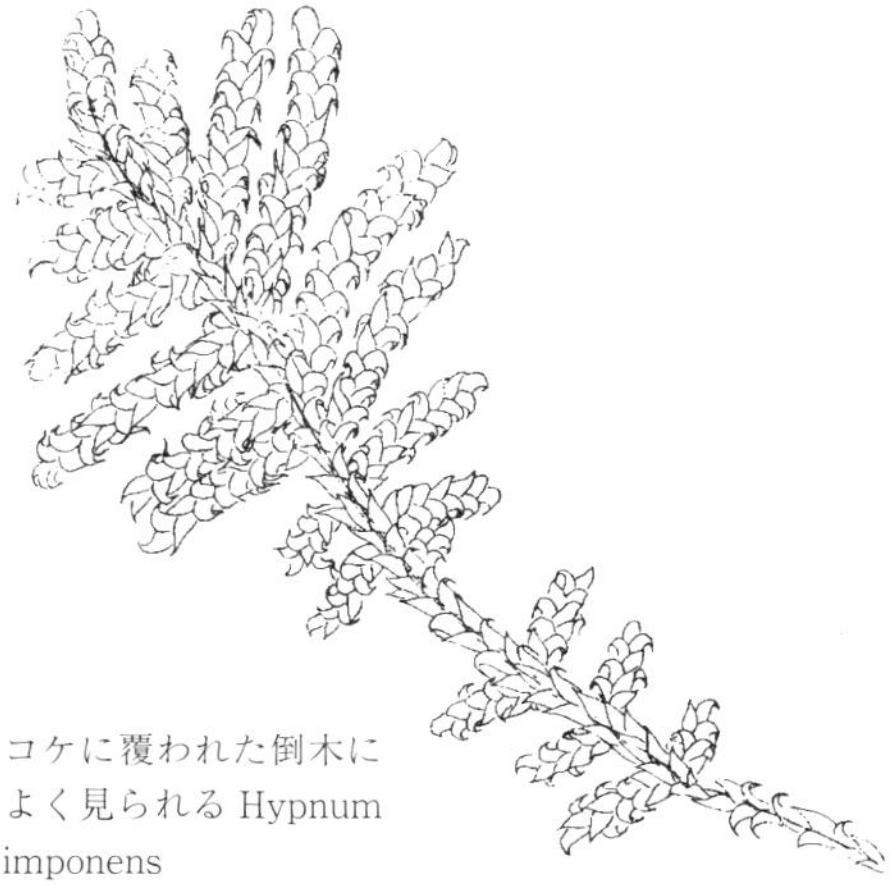
コケに覆われた倒木によく見られる Hypnum imponens

森が機能するために不可欠な、特殊な種類の菌類もまた、土に生えたコケのマットの下に生息している。もじゃもじゃしたフサゴケやリューコレピス（*Leucolepis*）が林床の表面を覆う。その下の腐植土層に、木の根と共生する一群の菌根（*mycorrhizae*）が生息するのだ。この名称は、文字通り菌（myco-）の根（-rhizae）を意味する。木はこれらの菌類の宿主となって、光合成でできる糖分を与える。そのお返しに、菌類はその繊維状の菌糸体を土の中に伸ばし、木のために養分をあさるのだ。多くの木の健康は、この友好関係に完全に依存している。最近になってわかったことだが、菌根の密度はコケの下のほうが有意に高い。コケの生えていない地面は、このパートナーシップにとってははるかに住み心地が悪いのだ。コケと菌根が密接な関係を持っているのは、コケのじゅうたんの下は湿度と養分が均一であるせいかもしれない。

微小な生物たちが地中で繰り広げる関係を研究するのは難しいことで有名だが、数名の研究者によって、複雑な三方向の繋がりが解明された。彼らは森の中を移動するリンの跡を辿り、雨に端を発するその入り組んだ足跡を追った。通過流がトウヒの枝葉のリンを洗い流して地上のコケの上に落とすと、リンは、菌根菌がその糸状体をコケの中に伸ばすまでそこに貯蔵される。糸状の菌糸と細胞外酵素は、死んだコケの細胞からリンを吸収する。この、コケの中に菌糸を伸ばした菌と同じものが、トウヒの根にも菌糸を伸ばしていて、コケと木の間の橋渡しをする。こうしてできた互恵のネットワークによって、リンは永遠に再循環され、何一つ無駄にされない。

コケが森というコミュニティを一つに繋ぐ互恵というあり方は、私たちに、生き方のビジョンを与えてくれる。コケは、自分たちが必要とするわずかばかりのものを森から受け取り、たくさんのものを還元する。彼らの存在は、川の、雲の、木々の、鳥や藻の、そしてサンショウウオの生命を支えているのに対し、私たち人間の存在はそれらを危険に晒す。人間がデザインしたシステムは、奪うばかりで何も還元せず、森で起きている健全な生態系の創造とは似ても似つかないものだ。皆伐林は、ある一つの生命種の短期的な欲望は満たすかもしれないが、それはコケやウミスズメやサケやトウヒにとっての、同様に正当なニーズを犠牲にしたうえでのことだ。私は、近い将来私たち人間が、自己抑制のための勇気と、コケのように生きる謙虚さを手にすることができるという展望にしがみつく。それができたとき、私たちが立ち上がって森に感謝を捧げれば、お返しに森が人間に感謝するこだまが聞こえるかもしれない。

コケ泥棒と傍観者

商品となるコケ

ブーツを斜面に食い込ませながら、私は力を振り絞って、次の手掛かりとなる頭の上の一群の茎を勢いよくつかむ。親指に棘が深く食い込む。が、手を離すわけにはいかない。これが私を支える唯一のものなのだ。棘のまわりに滲み出る鮮血が、脚の痛みと、耳の中に鳴り響く自分の動悸の音から意識を逸らしてくれる。いったいなんだって彼らはこんなところまで登ったのだろう。絡まり合うサーモンベリーの繁みはところどころものすごく厚みがあって、通り抜けることができない。そういうときは四つん這いになって、繁みの下を通れるところを探すしかなかった。棘はひっきりなしに、帽子やバックパックや私の肌を引っ掻いた。服は泥ですっかり重くなって、一歩一歩が大仕事だ。そのうえ、彼らが残した通り道の名残さえ見えなくなってしまった。私は、笑ったらいいのか泣いたらいいのか、そのギリギリのところにいた。疲れ果てた私は、探すのを諦めてここから帰る言い訳を思案した。とそのとき、目の隅にちらりと、赤いボロボロの目印の布が、斜面の上の方の枝に結んであるのが見えた。彼らはあそこを通ったのに違いない。きっと、仕事が終わったら素早くここを立ち去れるように通り道に印をつけたのだ。泥と鉄の味がする血を舐め取って、私は前進する。一歩進むたびに、顔を棘から護りながら。

登れば登るほど、私はコースト・レンジ山脈の頂上を覆う霧に深く包まれていく。そのグレーの色が、あたりを一層寒々と感じさせ、私はますますはっきりと意識する――自分がどれほど遠くまで来たか。そして、誰も私がどこにいるのか正確にはわからないのだ。私ですらも。興奮した一群の猟犬の吠える声が谷底から聞こえ、私は自分が一人ではないことに気づく。私がいることは知られてしまった。私は険しい顔で、彼らがこの侵入者を調べに来ないことを願う。それだけは勘弁してほしい。ここは公共の土地で、私は彼らと同様にここにいる権利がある。が、そんなことは関係ない。あの犬たちはおそらく彼らについてここへ来て、舌を垂らして寝そべって見物していたのだろう。

斜面の縁まで来ると、そこは急に平らになり、霧に包まれたカエデの木立だ。私の動悸はわずかにゆっくりになり、私は泥だらけの手で目から汗を拭おうとする。サーモンベリーの繁みはまばらになって、また一メートル以上先が見えるようになった。すぐに、そこがその現場だとわかった。あの耐え難い斜面を越えて彼らをここに引き寄せた財宝とはこれだったのだ。彼らは主脈を見つけた。しかも人里から遠く離れているので、決して捕まらないだろう。彼らがここに来てからかなりの時間が経っていたが、そこには今も暴行の爪痕が残っていた。

いったんここに辿り着いてしまえば、盗むのは簡単だったことだろう。山の斜面を一日中霧が包むここでは、コケが密集している。彼らが持ってきた袋は、思った以上に早くいっぱいになったのだろう

――なぜなら木立は半分しか剥がされていないから。これほど豊富にあるとは彼らには想像できまい。そして、それはとても重いのだ。

小川の向こう側にある森には手を触れなかったらしい。そこにはツタカエデが厚い敷布のように垂れ下がり、空気そのものが緑に見えるほどだ。コケに覆われていないところは一箇所もない。近づいてよく見れば何があるかは、私にはわかっている。こういう人里離れた古い木立にだけ残されている、見事なコケがそこにはある――私の古い友人のすべてが。こんな立派な羽のようなデンドロアルシアや、手が沈み込むほど分厚いアンティトリキアのかたまりは、今ではあまり見かけなくなった。輝くロープのようなヒラゴケもある。他にもたくさん。彼らはおそらく、立ち止まってこれらを見ることさえしなかっただろうと考えて私は顔をしかめる。美術品泥棒なら、少なくとも自分たちが何を盗んでいるか知っているのに。

木立の反対側はきれいにコケが摘み取られている。まるでハゲワシのように、彼らは骨しか残していかなかった。彼らがその汚い手をコケのマットの奥まで差し入れ、腕の長さほどもある帯状のそれを引き剥がすところを私は想像する。まるで自分に暴行しようとする男の前で裸にされる女性のように、それが引き剥がされるところを思って私は身震いする。彼らは次から次へと木のコケを剥がし、それを黄麻布の袋に突っ込んだのだ――光から闇へと。彼らが手際のよい盗人であることは認めなくてはならない。コケが引き剥がされた木には何一つ残っていなかった。

仕事を終えた彼らがここに座って満足げに煙草をふかしたということが私を不快にする。彼らは煙草の空箱を倒木の空洞に詰めていった。彼らが犬たちに口笛で合図し、人質を背後に引きずりながら斜面を降りていったところを想像する。サーモンベリーが袋に引っかかって、降りるのは登るのと同じぐらい大変だったことだろう。残りの仕事を片づけに彼らが戻ってこなかったのは無理もないと思う。軽トラックいっぱいの収穫は一日の仕事としては悪くない。麓のガソリンスタンドには、現金で払ってくれる買い手がいるのだ。

そうして今度は、被害の目録を作るという私の仕事が始まる。私はまるで自分が、なすすべもなく災害を記録しているカメラマンであるかのように感じる。ただどうしようもなく、結末を変えることもできず。私たちは、コケ泥棒のいた場所を見つけ、その破壊の跡を科学的に証言する。コケが剝がされた枝のすべてを測り、印をつけ、再生の兆しはあるかと調べるのだ。私は懸命に、裸になったこれらの枝が再び緑に覆われようとしている兆しを探す。が、その兆しはない。せいぜい、一本の茎が残されていたり、硬く乾いた樹皮のところどころに単独で伸びようとしている枝があるくらいだ。回復はほとんど見られない。高度な分析などしなくてもそれはわかるが、私は律儀に記録する。このコケが再び成長して元に戻るのにどれほどの時間がかかるか、誰にもわからない。元には戻らないかもしれない。これらのコケのマットは生えていた木そのものと同じくらい古く、まだ苗木だった頃に成長が始まったのだ。

だが、木立のうちの無傷だった部分は、私のデータブックがコケ泥棒の袋と同じくらいいっぱいになるほどの測定結果を提供してくれる。どの枝にも、少なくとも一二、三種類のコケが生えていて、みんな違う緑色をしている。ツクシナギゴケ、ハリゴケ、アツブサゴケ……。そのそれぞれが芸術作品である。光と水が融合して、この世の何よりも複雑な敷物を生んだ。その年代物のタペストリーがめちゃくちゃに引き裂かれ、袋詰めにされたのだ。そしてその袋の中には、鳥が木に巣をかけるようにそのコケに棲んでいた、何も知らない何十億もの生き物たちがいる。緋色のササラダニやぴょんぴょん跳ねるトビムシ、くるくる回るワムシ、引きこもりのクマムシ、そしてその子どもたち。私は鎮魂ミサでそのすべての名を唱えるべきだろうか。

これほどの破壊には、いったいどんな目的があるのだろう。もしも彼らの軽トラックを追って街まで行けば、彼らがその収穫を集荷センターの秤の上に積み上げ、立ち去る彼らの財布が少しばかり重くなったのを目撃することだろう――だがそれは大した金額ではない。倉庫に集められた袋の中身は、袋から出され、汚れを取って乾かされる。「オレゴン・グリーン・フォレスト・モス」と呼ばれるこの高級品は、世界中に出荷される。業者は、青々とした森のイメージを喚起するためにオレゴンの名を利用して商売するのだ。コケはその種類と品質によって、さまざまな商品に分類される。品質の低いものは花屋に卸すフラワーバスケットの内側に敷かれたり、商品カタログには「実物そっくり」と書かれた合成観葉植物に添えられたりする。一番元気がよくて美しいコケには特別待遇が与えられる――「ブランド品特製コケ・シート」を作るのだ。ふさふさとした葉は裏打ちの布に糊で固定され、たとえばモーターショーに出品されたバイクの下、この上なく優雅なホテルのロビーなど、公共の場の消防規則に準じるために難燃剤が吹きつけられる。そして、「モスライフ」という商標で登録された染料を使って色鮮やかな緑に染めるという、特許取得済みの仕上げが施される。こうしてできあがったコケの「生地」は反物のように巻かれて出荷を待つのだ。生地はヤード［訳注：一メートル弱］単位で販売され、ウェブサイトでは「母なる自然の手触りが欲しいところにはどこにでも」使える、と宣伝される。

ポートランド空港のコンコースで、プラスチック製の木の足元の空間にこういうコケが植えられているのを見たことがある。それを目にしたとき、私は彼らの名前を小声で呼んだ――アンティトリキア（*Antitrichia*）、リティディアデルファス（フサゴケ、*Rhytidiadelphus*）、メタネッケラ（*Metaneckera*）――けれども彼らは、私から目を背けた。

コケを刈り取る者たち

雨の多い太平洋岸北西部の森は、コケの生育には理想的な環境だ。灌木や木の枝は、さまざまな種類の蘚類、苔類、地衣類を含む着生植物に厚く覆われている場合が多く、それらは栄養循環、食物網、種の多様性、そして無脊椎動物類の住処の提供に重要な役割を果たす。一ヘクタールあたりのコケの重量は一〇キロから二〇〇キロの間であると見積もられている。場所によっては、コケの重量が樹木の葉の重量より大きいところもあるかもしれない。

一九九〇年以降、この青々と茂ったコケが業者の標的になっている。彼らは枝を完全に丸裸にし、園芸業界にコケを売るのである。オレゴン州のコースト・レンジ山脈で合法的に収穫されるコケは、年間二三万キロを上回ると推定される。林野部は、国有林におけるコケの収穫を許可制度によって規制しているものの、制度は施行されていないに等しく、違法に収穫されるコケの量は法的に許される量の三〇倍におよぶと考えられている。さらにそれ以上の量が、国有林以外の公用林や私有林から持ち去られている。

コケ植物学者たちは、コケが成長して元に戻るのにどれくらいの時間がかかるかを推定するため、実験的にコケを刈り取った一部区間の観察を続けている。予備調査の結果は、コケの回復には何十年もかかるかもしれないことを示している。収穫の四年後、ツタカエデの枝はつるつるで裸のままで、コケが戻ってきている徴候はほとんどない。コケが剝がされた枝には、剝がされた部分の隣に残されたコケがしがみついているが、それは遅々として裸の木肌には広がらない――四年かかってやっと数センチだ。なめらかな、成熟した樹皮は、コケが足場を固めるにはとにかくつるつるすぎる、ということがわかったのだ。

ケント・デイヴィスと私は、自然界でコケがどのように木の上に生え始めるのかを調べることにした。裸の樹皮にコロニーが作れないわけがない――さもなければ、この厚いコケのじゅうたんはそもそも発達できなかったはずではないか。調査の結果は私たちを驚かせた。苗木に生えるコケは、樹皮には一切生えないのである。ごく小さな小枝や若い枝を見ると、樹皮にはコケは生えていなかった。だが、ほとんどすべての葉痕、出芽痕、そして皮目に、ごく小さなコケのかたまりがあったのだ。小枝をよく見ると、大部分が樹皮に覆われているが、同時にその短い歴史の跡が起伏を作っている。昨年葉がついていたところが盛り上がった跡になっているのだ。このいわゆる葉痕はかすかに凹凸があって、胞子の一つ二つなら捕獲できるくらいの粗さがある。小枝にはまた、芽があったところを示す突起が密集している。このざらざらもまた、コケが生える足掛かりとなるようだ。若い枝には次第に、一つまた一つと葉痕にできるごく小さなコケのかたまりが集まってコケの房ができ始め、枝の年齢が上がるにつれて、かたまりも大きくなっていくのがわかった。そして樹齢が高くなるとともに、別の種類のコケもコロニーを作るが、それは裸の樹皮の上にではなく、すでに生えているコケの上にできるのである。成熟した木の分厚いコケのマットは、小さな小枝から始まったのだ。コケのコロニーは、起伏のある若い枝のほうがずっとできやすく、古くなった枝にコロニーを作るのはほとんど不可能であることがわかった。枝が古くなって葉痕の数が減り、疎《まば》らになると、コケを呼び寄せる機会は減ってしまう。このことから、その重さで枝をたわませるコケのマットは、おそらくはその木の樹齢と同じくらい古いものだと推論できるのだ。

コケを刈り取る者たちは、ある意味で「原生」のコケを持ち去っているわけであって、それが元通りに回復するには、剝がすよりはるかに長い年月を必要とする。当然これは持続不可能な収穫である。それが失われたことによってどんな影響があるか、私たちには予想がつかない。コケが持ち去られるとき、コケに関連するさまざまな相互関係もそれとともに奪い去られる。鳥も、川も、サンショウウオも、コケの不在によって困ることになる。

今年の春のこと、私は、オレゴンのコケむした森とは大陸の反対側にある、ニューヨーク州北部の地元の養殖園で多年生植物の苗を買おうとした。日時計や美しい陶器を使った園芸用品売り場のディスプレイはいつもながら魅力的だった。あれこれ見ていると、娘が私の腕をつかみ、何事かと思う口調で「あれ見て」と言った。壁際に、トピアリーの動物が並んでいた——等身大のトナカイや、緑色のテディ・ベア、そして優雅な白鳥。そのどれもが、ワイヤーで作った骨格に、オレゴン州から来たコケの死骸を詰めたものだった。もはや、傍観者ではいられない。

ヒカリゴケ　藻から黄金を紡ぐ

洞窟の中の光

それが姿を消したのは、私がカーテンを持ち込んだ年だった。間違いだということは知りつつ、せっかく作ったのだし、持っているのだから、たとえ風が吹けば絡まり、雷雨になれば濡れて網戸に張りついてしまおうと、どうしてもカーテンを吊るすのだという奇妙な決意が私にはあったのだ。所有物に振り回されるとはこういうことだ。窓は内側に開く大きな八枚パネルで、古くて表面が波打っているガラスがはまり、ガラスを枠に固定する接着剤は風雨で傷んであちらこちらかたまりが剝げ落ちていた。昼だろうと夜だろうと、私は滅多にこの窓を閉めなかった。この窓からは、途切れることのない湖の音や、日なたのホワイトパインの樹脂の香りが入ってきた。こんな自然の中で、カーテンを吊るす理由などどこにあるだろう。暗い暗い夜に星の光を遮るため、それとも何千という、針の先のような星たちに覗かれるのを防ぐためだろうか。

毎年春になると私は自宅の扉に鍵をかける。物に溢れた自宅は羽を敷き詰めた巣のようで、本や音楽、やわらかな照明、座り心地のいい椅子、それに——恥ずかしいが——三台のコンピュータと皿洗い機もある。ちょうどヒエンソウが咲き始めた、念入りに手入れをした庭を、私は最小限の荷物だけを持って車で後にする。緩やかに波打つ農地が広がるニューヨーク州北部から連綿と続くアディロンダックの森へ、毎年恒例の移住のために北に向かうにつれ、大学教授の家の快適な暮らしはどんどん遠ざかっていく。

生物観測所は、クランベリーレイクの東端の岸、辺境の地にある。広々とした湖の一五キロをボートで渡る他に行き方はない。六月初旬に湖を渡るのは大変だ。なにしろ、ほんの六週間前までここは氷だったのだ。雨と波が一緒になって、レインコートの袖から入ってくる。娘たちを見ると、二人は船尾で身を寄せ合い、頭をポンチョの中に引っ込めたさまは赤と青のカメのようだ。風でもう少しで眼鏡が飛ばされそうになり、ボートを波と平行に保とうとする私は雨で前が見えない。舳先が一度大波に突っ込んだだけで、私たちはすっかりずぶ濡れになる。氷のように冷たい水が、喉元の、ほんの少しだけファスナーで閉まっていない隙間から入ってきて、胸の間を伝い落ちる。私たちの持ち物はすべてこのボートの中にある。そして私たちに必要なものは、すべて向こうの岸にある。

空が暗くなる頃に桟橋に着いた私たちは、雨に滴る森を抜けて、湖からの鋼色の反射にかろうじてその姿が見える真っ暗な小屋まで歩く。暗い小屋の中で私たちは濡れた服を脱ぎ、私はごそごそと、コーヒー缶に入れてあるマッチを探す。私が暖炉に膝をついている間、娘たちは私のすぐ後ろに毛布にくるまって立っている。二人の濡れた靴下が床に足跡を残す。マッチの最初の一擦りで硫黄臭い火がつくと、部屋全体が明るくなったように思える。初めは青く、それから、カバノキの樹皮に火がつくと部屋は黄金色になる。私にとって、キハダカンバの樹皮の香りは、昔から安全の匂いを意味していた。私は安心してホッと息をつき、雨が屋根から落ちるように、疲れ切った私の肩から緊張が滑り落ちていく。このはるかな岸辺で、雨の今宵、裸の壁に踊る暖炉の火の前にいる私は、素敵な物でいっぱいの暖かな自宅にいるときよりもずっと満ち足りている。私に必要なものは一つ残らずここにある。そして必要なものはごくわずかだ——外の雨と、家の中には暖炉の火さえあればいい。それとスープだ。それ以外のものはすべて贅沢だ。カーテンなんて特に。

年を追うごとに、私がここに持ってくる物はだんだんと減っていった。娘たちが幼かったときは、一人おもちゃを一個ずつと、雨の日のための、クレヨンや紙などが入った箱を持ってきていいことになっていた。だがそれらは大抵、一度も使われないまま自宅に持ち帰ることになった。ひと夏中ここにいても、登れる全部の岩に登ったり、心ゆくまで要塞を作ったりするのには時間はまるで足りなかったのだ。マツの木の下に、小石や松ぼっくりでできた小さな村が次々とできていく一方で、クレヨンは忘れ去られた。娘たちはアオカケスの羽をお下げ髪に飾り、ホームメイドのピーチ・アイスクリームをスプーンに山盛りにすくいながら平らげるように、夏を味わい尽くすのだった。夕食が済むと私はコケの仕事を一休みし、私たちは湖の岸辺を徘徊しに出かける。日の長い一日も終わりに近づき、湖の向こうの沈みかけの太陽が、蜂蜜のように濃厚な金色の光でこちら側の岸を照らした。私たちは岩によじ登ったり、波と戯れて足を濡らす。流木のかけらや真珠色をしたムール貝の殻を熱心に観察する娘たちの顔は、夕陽に照らされて金色に輝いた。私たちがその、世にも不思議な生き物を見たのは、そういうときだった。

二〇世紀初めにここで起きた火災によって、この湖の岸辺には、まばゆいほどに白く、氷河砂に根を張るアメリカシラカバが並んでいる。湖岸は、一番最近の氷河が残した花崗岩の巨岩でできている。秩序なく並んだ岩は、めったに人の訪れない、夕陽を眺めるのに恰好な場所を作り、風や波を寄せつけない壁になってくれる。だが岩の間にはところどころ、嵐のときに波が入り込んだ隙間があって、砂浜を削り、小さな洞窟を掘った場所がある。私たちは、入り口にかかったネバネバするクモの巣を払いながら洞窟を覗き込む。洞窟は、子どもが這って入れるくらいの大きさはあるが、大人は入れない。大人には、眺めることしかできないのだ。私は湖の水に洗われた小石の上に腹ばいになり、頭を洞窟に突っ込んで、その薄暗がりを見上げる。古い地下室の地面が剥き出しの床のような、冷たくて湿った匂いがする。洞窟の中では波の音がくぐもって聞こえる。娘たちの興奮した息づかいが、暗い静けさの中で大きく響く。

洞窟の天井は、網のように絡まり合ったアメリカシラカバの根が砂を固めた暗い半球体だ。洞窟の後部は上り坂になって暗がりに見えなくなっている。わずかばかりの光が不気味にうごめく。外の湖からの反射光が洞窟の壁で上下にゆらゆらと揺れているのだ。と、目の端に何かが光ったのが見えた。何か、緑色のもの。炎の明かりに光るボブキャット（山猫の一種）の目のような、ほんの一瞬の。

私は緑色に光るもののほうに指先を伸ばすが、触れるのは冷や汗の膜のような湿り気だけだ。指を引っ込める私は、いつか夏の夜に、密閉用のガラス瓶の蓋で誤ってホタルを潰してしまったときのように、指が光っているのではないかと半ば期待するが、指先には何もついていない。光っているのは地面の表面そのものであるらしい。頭を動かすと、それは光ったり光らなかったりする。ハチドリの喉元が玉虫色に光るように、一瞬光ったかと思うと次の瞬間は真っ暗だ。

ゴブリンの黄金

別名を「ゴブリンの黄金」というヒカリゴケは、他のコケとはまったく異なっている。それは、持つものはシンプルに、得るものは豊かに、というミニマリズムのお手本だ。あまりにもシンプルなので、そもそもコケに見えないかもしれない。洞窟の外の岸に生えているもっと典型的なコケは、太陽に向かって広がっていく。小さいとはいえ、たくましい葉や茎は、成長にも維持にも多大な太陽光のエネルギーを必要とする。太陽光という通貨で言うと、それは金がかかるのだ。コケの中には、十分な日光を浴びなければ枯れてしまうものもあるし、雲の散光を好むものもあるが、ヒカリゴケは雲の端が太陽の兆しで光ってさえいればいい。湖岸の洞窟の中には、湖の水面からの反射光があるだけだ。外の光の一パーセントのさらに一〇分の一にすぎない。

洞窟の中の光はあまりにも乏しくて、ヒカリゴケはそれを、自分の構造を大きくすることに使うわけにはいかない。そんな貧しい環境では、葉を持つのは贅沢だ。そこで、葉や茎のかわりにヒカリゴケは、半透明の緑色をした繊維、原糸体から成る壊れやすいマットを作る。キラキラ光るヒカリゴケは、湿った土壌の表面にこの、ほとんど目に見えない糸が縦横に広がったものなのである。それは暗闇で光る――と言うより、めったに太陽が届かない場所の薄明かりの中できらめく。

繊維の一本一本は、一個一個の細胞が、糸に繋がってキラキラ光るビーズのように並んだものだ。各細胞の壁には角度がついていて、研磨されたダイヤモンドのように内側のファセットを作る。このファセットがヒカリゴケを、はるか遠くにある街の小さな明かりのようにきらめかせるのだ。見事な角度を持つ細胞壁が、わずかな光を捉え、一個だけある大きな葉緑体が一条の光を待ち構えている細胞の内部に向ける。葉緑素と複雑を極める膜組織がぎっしり詰まった葉緑体は、光エネルギーを一連の電子の流れに変換する。これが、光合成という発電力であり、太陽光を糖に変え、藁を黄金に変えるのである。

植物の生息がかろうじて可能と思われる場所の暗い片隅には、ヒカリゴケが必要とするものはすべて揃っている。外の雨と、家の中には暖炉の火。それが放つ冷たい光は私の光とはとても違うけれど、私はこの生き物に親近感を覚える。それは世界にほんのわずかなものしか求めず、それに応えて輝く。私は良き教師と過ごす幸運に恵まれている。ヒカリゴケはその一人だ。

私の幼い娘が、目の前に下がっている根っこに息を吹きかける。娘はまるで、暗闇にうずくまって黄金を守っているゴブリンのようだ。外では太陽がさらに低くなる。オレンジ色の光の幅広なリボンが、湖を越えて近づいてくる。今では太陽は水平線の一度か二度上にあって、下の縁が湖の反対の岸の丘にかすかに触れ、沈もうとしている。間もなくだ。娘も私も息を殺して光が洞窟の壁を這い上がり始めるのを見つめる。やっと太陽が十分に低くなって、岸に開いた穴に届くのだ。突然、太陽の光が暗闇を射し貫く――夏至の夜明けにインカ帝国の寺院の入り口の隙間から射し込む一条の光のように。タイミングがすべてだ。ほんの一瞬、地球の回転が再び私たちに夜をもたらす前のほんの束の間、洞窟に光が溢れる。ほとんどそこに存在しないかのようだったヒカリゴケは、クリスマスの日、じゅうたんにこぼれ落ちる緑色に光る飾りのように、光のシャワーを撒き散らす。原糸体のすべての細胞が光を屈折させ、

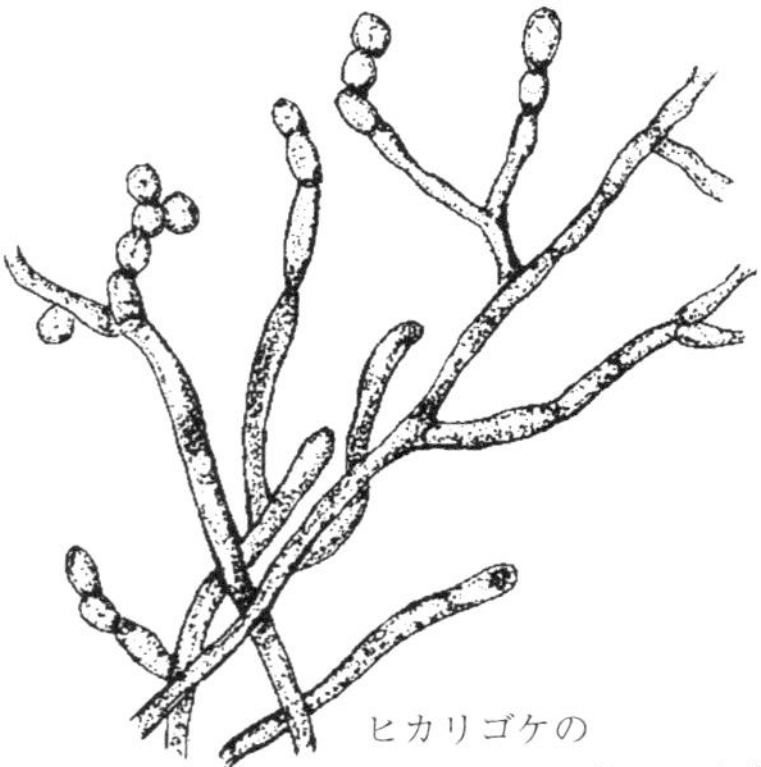

ヒカリゴケの
フィラメント状の原糸体

やがてやってくる暗闇でヒカリゴケを維持させる糖に変えているのだ。そして、数分とたたないうちに太陽は沈む。ヒカリゴケに必要なものは、一日の終わりの刹那の一瞬、太陽が洞窟の入り口と一直線になる瞬間にすべて確保されるのだ。私たちは岸をよじ登って頂上に戻り、夕焼けが徐々に暗くなる中を小屋へと帰る。

　こういう、最も条件の整った夏の宵、光は有り余るほどある。そこでヒカリゴケは、夏の太陽光を捕らえるために自らを増殖させる。原糸体には、この束の間の豊かな光を利用しようと待ち構える小さな芽がずらりと並んでいる。芽は成長して、原糸体のあちらこちらに上向きに茎が伸びる。茎は扁平で繊細な、羽のような形をしている。やわらかな青緑色の茎葉体は、太陽を追いかけるシダの葉のように伸びる。それはとても小さい。でも十分なのだ。

　ここにこのコケがあるのを知ったのは天からの贈り物で、私はこのことを人に教えるのには慎重だ。以前私の担当教授だった人が、定年退職する前にこのコケを私に見せてくれたのだが、私が蘚苔植物学者になる運命なのが彼にはすでにわかっていた。私はこれを誰にでも見せるわけではない。このことについては私はかなり偉そうな態度を取っていたと思う――私がその知識を分け与えるのは、この贈り物を受け取るに足る、十分な鑑識眼があることを示してみせた者だけだった。彼らがその価値をあまりにも高く評価し、それを奪おうとすることが心配なわけではないのだ。むしろ私は、彼らがそれを十分に評価しないことが心配なのである。だから私はその黄金を、その小さな輝きに満足しない人たちの無礼さから守っているのだ。私はそう思っていた。

根気よく光を集めたヒカリゴケは、やがて家族を養うのに十分なエネルギーを蓄える。湿気が凝結して洞窟の壁にできた結露の中を、精子はやみくもに泳ぎ、ついに精子を迎え入れる用意のある雌株に辿り着き、そして胞子体ができる。小さな小さな蒴が、薄い膜のような茎葉体の根元から伸び、胞子を風に送り出す。この子孫たちが風のない洞窟の中から出られることはまずないだろうという気がするが、それでいて、岸辺にはヒカリゴケのコロニーがずっと点在している。どうにかして彼らは、別の場所に、この偶然の住処を見つけるのだ。幸運なことである――なぜなら洞窟はいつかなくなるものだからだ。

娘たちが大きくなると、日没の岸辺をブラブラするよりも他にやることができた。娘たちが一緒でないので、私も洞窟に行く頻度が減っていった。私も他のことで忙しくなったのだ――たとえばカーテンを吊るすとか。光るコケが姿を消したのはその年だ。ある夜、一人で歩いていた私は、ヒカリゴケが棲んでいたところの岩壁が崩れているのを発見した。自分の重みで崩壊し、洞窟の入り口を塞いだのだ。おそらくそれは、時間と浸食による避けられない結果だったのだろう。だが、本当にそうだろうか。

あるオノンダガ族の年寄りが私に、植物は、必要とされるときに私たちの前に現れるのだと言ったことがある。私たちが、それを利用し、その働きを正しく理解することで尊敬の気持ちを表せば、その植物はもっと強くなる。尊敬されている限り、彼らは私たちのもとに留まる。だが私たちが彼らのことを

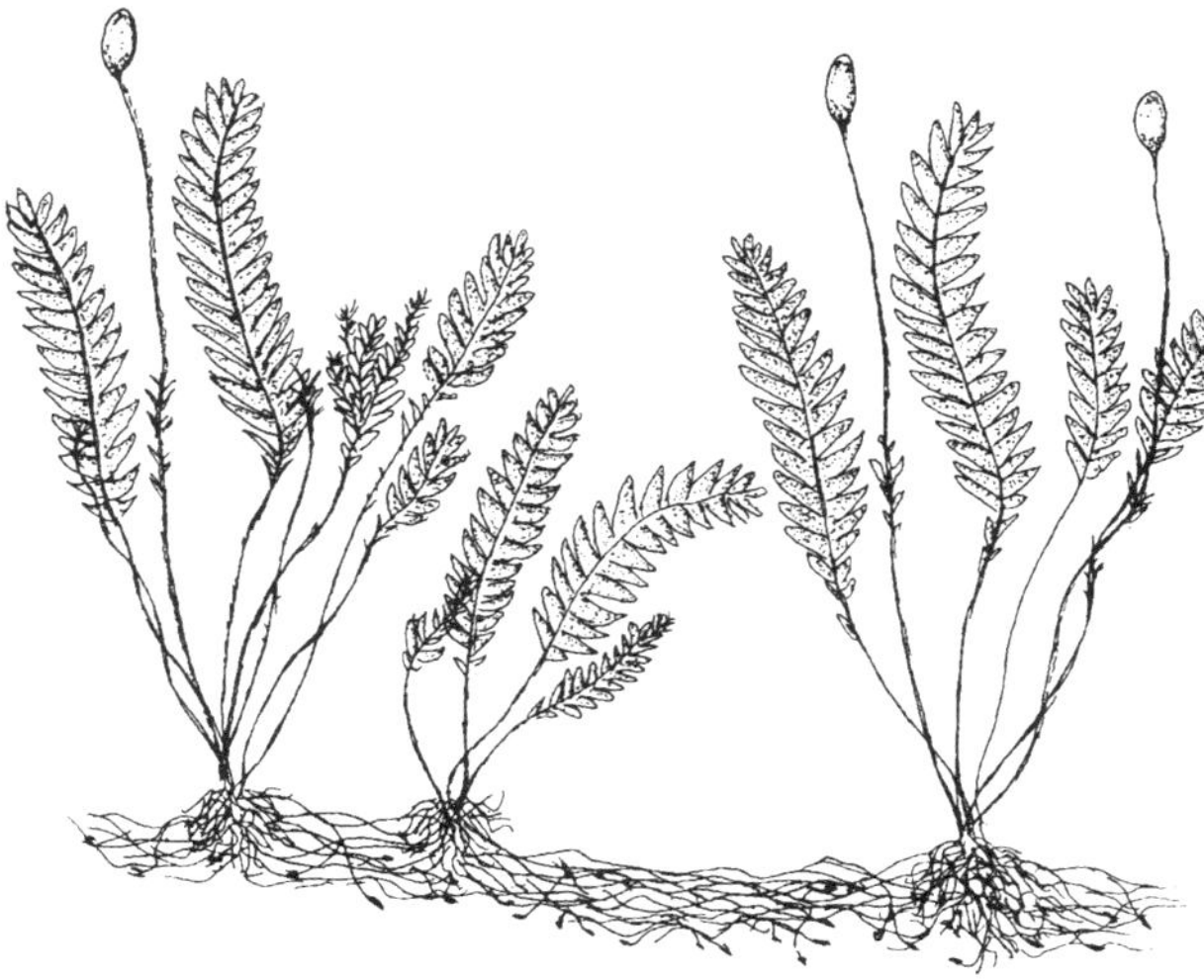

ゴブリンの黄金と呼ばれるヒカリゴケ。黄金よりもはるかに希少だ

忘れれば、彼らはいなくなってしまう。

カーテンを吊るしたのは間違いだった。まるで、太陽と星と光るコケだけではそこは我が家ではないとでも言うように。意味もなくパタパタとはためくカーテンは、敬意の欠落のしるしであり、私の家の窓の外で招き入れられるのを待っている光や風への侮辱だった。光や風のかわりに私は物という暴君を招き入れ、それが私に忘れさせたのだ、私に必要なものはもうすでにすべてここにあるということを。外の雨と、家の中で燃える暖炉の火。ヒカリゴケは私と同じ間違いはしなかったはずだ。だが洞窟が崩れた後では遅すぎた。私はカーテンを暖炉に投げ入れ、煙突から輝く星のもとへと送り出した。

その夜遅く、暖炉の火が燃えさしになり、窓から月明かりが流れ込む中、私はヒカリゴケのことを考える。ヒカリゴケは月光の反射でも光るのだろうか。湖の岸辺にあるヒカリゴケの窓と太陽が一直線になるのは、一年に何回あることなのだろう。湖の反対側の岸で、日の出の光を待ちながら生息することはできるのだろうか。もしかしたらヒカリゴケは、風がくり抜いた洞窟と太陽を結ぶ一直線の道が岩の間を縫ってできる、こちら側の岸にしかないのかもしれない。ヒカリゴケの存在を可能にする条件が揃う可能性は信じられないほど低く、ヒカリゴケは、ゴブリンの黄金だろうが本物だろうが、黄金よりもはるかに希少なものとされる。それが存在するには、太陽に対する洞窟の角度が正しいことが必要であるばかりでなく、仮に西側の岸辺の丘がもうちょっとでも高ければ、太陽は洞窟を照らす前に沈んでしまう。そしてその些細な事実がゆえに、ヒカリゴケは存在しないだろう。そして、そもそもヒカリゴケが棲める洞窟があるのは、岸に絶え間なく吹きつける西風があればこそだ。私たちを、今という特定の瞬間に、ここという特定の場所にあらしめた、無数のシンクロニシティがあったからこそ、ヒカリゴケも私たちも生きているのだ。そんな贈り物へのお礼として、唯一のまともな反応と言えば、私たちがお返しに光り輝くことだけだ。

謝辞

この本を作るのを手伝ってくれたたくさんの人たちに感謝したい。コケの観察に時間を費やし、美しい描画を描いてくれた父ロバート・ウォールとは、一緒に仕事できて楽しかった、どうもありがとう。多くの人にコケの魅力を紹介した偉大な蘚苔植物学者、今は亡きハワード・クラムのイラストを使用する許可をいただいたことにも感謝している。私を手厚くもてなし励ましてくれたパット・ミューアとブルース・マッキューン、原稿を読んでくれたクリス・アンダーソンとドーン・アンズィンガー、この本を書くことを可能にした長期有給休暇をくださったナショナル・サイエンス・ファウンデーションとオレゴン州立大学に感謝する。オレゴン・ステート・ユニバーシティ・プレス社のメアリー・エリザベス・ブラウンとジョー・アレキサンダーには貴重なアドバイスとサポートをいただいた。大変感謝している。意見を寄せてくれた評論家ジャニス・グライムとキャリーン・スタージョン、ニューヨーク州立大学カレッジ・オブ・エンバイロメンタル・サイエンス・アンド・フォレストリーで教えている蘚苔植物生態学のクラスの生徒たち、そして、コメントや応援の言葉をくれたたくさんの友人たちにもとても助けられた。何よりも私は、良いものが育つ環境を作ってくれる愛情溢れた家族がいて恵まれている。一番最初の頃から私が書いたものに耳を傾け、美しいものが存在できる場を作ってくれた母、私を森や野原に連れて行ってくれた父、私を励ましてくれた兄弟姉妹たち。どうもありがとう。最初から最後まで私を信じ続けてくれたジェフにも感謝したい。娘のリンデンとラーキンの寛大さと愛に満ちたサポートには特に感謝している。二人は私にとって生きる喜びだ。

Larson, D. W., and J.T. Lundholm. 2002. "The puzzling implication of the urban cliff hypothesis for restoration ecology." *Society for Ecological Restoration News* 15: 1.

Marino, P. C. 1988 "Coexistence on divided habitats: Mosses in the family Splachnaceae." *Annals Zoologici Fennici* 25:89-98.

Marles, R. J., C. Clavelle, L. Monteleone, N. Tays, and D. Burns. 2000. *Aboriginal Plant Use in Canada's Northwest Boreal Forest.* UBC Press.

O'Neill, K. P. 2000. "Role of bryophyte dominated ecosystems in the global carbon budget." Pp 344-68 in Shaw, A. J., and B. Goffinet (eds.), *Bryophyte Biology.* Cambridge University Press.

Peck, J. E. 1997. "Commercial moss harvest in northwestern Oregon:describing the epiphytic communities." *Northwest Science* 71:186-95.

Peck, J. E., and B. McCune 1998. "Commercial moss harvest in northwestern Oregon: biomass and accumulation of epiphytes." *Biological Conservation* 86: 209-305.

Peschel, K., and L. A.Middleman. *Puhpohwee for the People: A Narrative Account of Some Uses of Fungi among the Anishinaabeg.* Educational Studies Press.

Rao, D. N. 1982. Responses of bryophytes to air pollution. Pp 445-72 in Smith, A. J. E. (ed.), *Bryophyte Ecology.* Chapman and Hall.

Vitt, D. H. 2000. "Peatlands: ecosystems dominated by bryophytes." Pp 312-43 in Shaw, A. J., and B. Goffinet eds. *Bryophyte Biology.* Cambridge University Press.

Vitt, D. H., and N. G. Slack. 1984. "Niche diversification of Sphagnum in relation to environmental factors in northern Minnesota peatlands." *Canadian Journal of Botany* 62:1409-30.

Cajete, G. 1994 *Look to the Mountain: An Ecology of Indigenous Education.* Kivaki Press

Clymo, R. S., and P. M. Hayward. 1982 The ecology of Sphagnum. Pp. 229-90 in Smith, A. J. E. (ed.), *Bryophyte Ecology*. Chapman and Hall.

Cobb R. C., Nadkarni, N. M., Ramsey, G. A., and Svobada A. J. 2001. "Recolonization of bigleaf maple branches by epiphytic bryophytes following experimental disturbance." *Canadian Journal of Botany* 79:1-8.

DeLach, A. B., and R. W. Kimmerer 2002. "Bryophyte facilitation of vegetation establishment on iron mine tailings in the Adirondack Mountains." *The Bryologist* 105:249-55.

Dickson, J. H. 1997. "The moss from the Iceman's colon." *Journal of Bryology* 19:449-51.

Gerson, Uri. 1982. "Bryophytes and invertebrates." Pp. 291-332 in Smith, A. J. E. (ed.), *Bryophyte Ecology*. Chapman and Hall.

Glime, J. M. 2001. "The role of bryophytes in temperate forest ecosystems." *Hikobia* 13: 267-89

Glime, J. M., and R. E. Keen. 1984. "The importance of bryophytes in a man-centered world." *Journal of the Hattori Botanical Laboratory* 55:133-46.

Gunther, Erna. 1973. *Ethnobotany of Western Washington: The Knowledge and Use of Indigenous Plants by Native Americans.* University of Washington Press.

Kimmerer, R. W. 1991a. "Reproductive ecology of *Tetraphis pellucida*: differential fitness of sexual and asexual propagules." *The Bryologist* 94(3):284-88.

Kimmerer, R. W. 1991b. "Reproductive ecology of *Tetraphis pellucida*: population density and reproductive mode." *The Bryologist* 94(3):255-60.

Kimmerer, R. W. 1993. "Disturbance and dominance in *Tetraphis pellucida*: a model of disturbance frequency and reproductive mode." *The Bryologist* 96(1)73-79.

Kimmerer, R. W. 1994. "Ecological consequences of sexual vs. asexual reproduction in *Dicranum flagellare*." *The Bryologist* 97:20-25.

Kimmerer, R. W., and T. F. H. Allen. 1982. "The role of disturbance in the pattern of riparian bryophyte community. *American Midland Naturalist* 107:37-42.

Kimmerer, R. W., and M. J. L. Driscoll. 2001. "Moss species richness on insular boulder habitats: the effect of area, isolation and microsite diversity."*The Bryologist* 103(4):748-56.

Kimmerer, R. W., and C. C. Young. 1995. "The role of slugs in dispersal of the asexual propagules of *Dicranum flagellare*." *The Bryologist* 98:149-53.

Kimmerer, R. W., and C. C. Young. 1996. "Effect of gap size and regeneration niche on species coexistence in bryophyte communities." *Bulletin of the Torrey Botanical Club* 123:16-24.

参考文献

コケの生態に関する文献

Bates, J. W., and A. M. Farmer, eds. 1992. *Bryophytes and Lichens in a Changing Environment.* Clarendon Press.

Bland, J. 1971. *Forests of Lilliput.*Prentice Hall.

Grout, A. J. *Mosses with Hand-lens and Microscope*

Malcolm, B., and N. Malcolm. 2000. *Mosses and Other Bryophytes: An Illustrated Glossary* Micro-optics Press.

Schenk, G. 1999. *Moss Gardening.*Timber Press.

Schofield, W. B. 2001. *Introduction to Bryology.*The Blackburn Press.

Shaw, A. J., and B. Goffinet. 2000. *Bryophyte Biology.* Cambridge University Press.

Smith, A. J. E., ed. 1982. *Bryophyte Ecology.*Chapman and Hall.

コケの識別に関する文献

Conard, H. S. 1979. *How to Know the Mosses and Liverworts.* McGraw-Hill.

Crum, H. A. 1973. *Mosses of the Great Lakes Forest.* University of Michigan Herbarium.

Crum, H. A., and L. E. Anderson. 1981. *Mosses of Eastern North America.*Columbia University Press.

Lawton, Elva. 1971. *Moss Flora of the Pacific Northwest.* The Hattori Botanical Laboratory.

McQueen, C. B. 1990. *Field Guide to the Peat Mosses of Boreal North America.* University Press of New England.

Schofield, W. B. 1992. *Some Common Mosses of British Columbia.* Royal British Columbia Museum.

Vitt, D. H., et al. *Mosses, Lichens and Ferns of Northwest North America.*Lone Pine Publishing.

その他の参考文献

Alexander, S. J., and R. McLain. 2001. "An overview of non-timber forest products in the United States today." Pp. 59-66 in Emery, M. R., and McLain, R. J. (eds.), *Non-timber Forest Products.* The Haworth Press.

Binckley, D., and R. L. Graham 1981. "Biomass, production and nutrient cycling of mosses in an old-growth Douglas-fir forest." *Ecology* 62:387-89.

【ワ】

【ナ】

【ハ】

索　引

訳者あとがき

アメリカには、「ネイチャーライティング」と呼ばれるノンフィクション文学のジャンルがある。ウィキペディアによればその特徴は「自然界についての事実や自然、科学的情報に依拠する一方、自然科学系の客観的な自然観察とは異なり、自然環境をめぐる個人的な思索や哲学的思考を含むということ」にあり、「1・博物誌に関する情報（natural history information）、2・自然に対する作者の感応（personal reaction）、3・自然についての哲学的な考察（philosophical interpretation）」という三つの要素を含むという。代表的なネイチャーライターには、ヘンリー・デイヴィッド・ソロー、ラルフ・ウォルドー・エマソン、レイチェル・カーソン、それにジョン・バロウズなどの名前が挙がる。そのジョン・バロウズ（一八三七―一九二一年）を記念して創設され、アメリカ自然史博物館によって運営される「ジョン・バロウズ協会」は、一九二六年以降、優れたネイチャーライティングの著作を毎年一冊選び、「ジョン・バロウズ賞」を贈っている。二〇〇五年に同賞を受賞したのが本書である。

この事実が、この本がどんな本であるかを十分に語っていると思う。これは「コケの本」ではあるが、単なる植物図鑑とはほど遠い。大変身近なものでありながらおそらく一般人のほとんどは知らないであろう、びっくりするようなコケの生態が詳細に描写されると同時に、そこには、作者のコケに対する溢れるような愛情と、コケと自然から私たちが学ぶべき人生哲学がちりばめられている。まさにこれは、ネイチャーライティングの最高峰と言える。

その語り口はほとんど詩的と言ってよく、植物誌を読んでいるというよりも、洒落た短編小説を読んでいるような気にさえさせる。見ようとしなければ見えない極小のパラレルワールド。あたかも著者が首から下げている拡大鏡でそれを覗いているかのように、この本の中で、日常の風景はいつもと違った姿を見せる。そうして拡大鏡の中の小さなコケの世界はいつしか鏡となって、私たちの周囲の等身大の世界を同時に映し出す。コケについての興味深い事実について読みながら、いつの間にか私たちは、自分を取り囲む世界の、これまで考えたこともなかった様相に気がついていくのだ。拡大鏡の中の小さな世界と、そこから見上げる大きな世界に自分が同時に存在しているような不思議な感覚。そしておそらく、実際にそうなのだ。コケも、私たち人間も、同じ自然という秩序の中に生きているのだから。

本書の著者は、北米の五大湖地方に暮らしていたネイティブアメリカン、ポタワトミ族の出身であり、ニューヨーク州立大学の College of Environmental Science and Forestry（環境森林科学部）で准教授として教鞭を執る傍ら、学部内に二〇〇六年に設立された Center for Native Peoples and the Environment（ネイティブアメリカンと環境センター）のディレクターを務める。このセンターは、環境保護に関し、ネイティブアメリカンに昔から伝わる伝統的な知識と、科学としての地球環境学の知識を融合させることを目的としている。本書の中で「ネイティブアメリカンとコケ」と題された一章には、まさにそれが実践される様子が描かれている。そこに登場するジーニー・シェナンドアというオノンダガ族のハーバリストがセンターの理事に名を連ねていること、本書の出版がセンター設立に先立つ二〇〇三年であることを考えると、おそらくこのセンターは著者のビジョンが形になったものなのではないだろうか。

ヒト、動物、植物、そのすべては自然の一部であり、相互に深く関係し合っている——それはネイティブアメリカンの考え方の根底にあるものであり、彼らは自然こそがあらゆる意味での教師と考える。そう考えれば、彼らが自然について語るとき、自然に対する思いや自然についての哲学的な考察がそこにあるのはしごく当然なことに思える。そして環境や植物に関する学問・科学としての知識が加われば、それはまさにネイチャーライティングのエッセンスのすべてを備えた知恵となる。そういう知恵を具現化しようとしているのがCenter for Native Peoples and Environmentであり、そのディレクターである著者が優れたネイチャーライターであるというのも大いに頷けるのだ。

この本の翻訳の話をいただいたときにたまたま滞在していたバリ島と、私が毎年夏を過ごし、本書にも登場する太平洋北西部沿岸は、どちらも雨が多くて緑豊かな、ことのほかコケの豊富な土地柄である。以前から、木々の幹を見事に覆うコケに感心することはあったけれど、この本を訳して以来、今まで以上にあちこちにコケがあるのに気づき、しみじみとコケを眺めることが多くなった。「観る」ことを少しは学べたのかもしれない。幸いなことに、コケは田舎にも都会にも生えている。この本を読んだ方が、ふと普段の通り道の足元に目をやり、それまで気づかなかったコケの存在に気づいてくださったなら、そしてコケを取り巻く自然の営みに思いを馳せてくださったなら、とても嬉しい。

ワシントン州ウィッドビー・アイランドにて

二〇一二年八月　三木直子　記

【著者紹介】

ロビン・ウォール・キマラー（Robin Wall Kimmerer）

1953年、ニューヨーク生まれ。

ネイティブアメリカン、ポタワトミ族の出身。

1993年より、ニューヨーク州立大学の環境森林科学部で准教授として教鞭を執る。

生物学や生態学、植物学などを教えるかたわら、学部内に2006年に設立された「ネイティブアメリカンと環境センター」のディレクターに就任。

伝統のある生態学的知識と西洋の科学的知識の橋渡しをし、多文化からの視点の融合によって環境問題を解決していけるよう、積極的に活動をしている。

処女作である本書『GATHERING MOSS』にて、ジョン・バロウズ賞を受賞。


【訳者紹介】

三木直子（みき・なおこ）

東京生まれ。国際基督教大学教養学部語学科卒業。

外資系広告代理店のテレビコマーシャル・プロデューサーを経て、1997年に独立。

海外のアーティストと日本の企業を結ぶコーディネーターとして活躍するかたわら、テレビ番組の企画、クリエイターのためのワークショップやスピリチュアル・ワークショップなどを手がける。

訳書に『ロフト』『モダン・ナチュラル』（E.T.Trevill）、『[魂からの癒し] チャクラ・ヒーリング』（徳間書店）、『マリファナはなぜ非合法なのか？』（築地書館）、『アンダーグラウンド』（春秋社）、他多数。

コケの自然誌

2012年11月 5日　初版発行
2024年 6 月24日　 5刷発行

著者　　　　ロビン・ウォール・キマラー
訳者　　　　三木直子
発行者　　　土井二郎
発行所　　　築地書館株式会社
　　　　　　東京都中央区築地 7-4-4-201　〒104-0045
　　　　　　TEL 03-3542-3731　FAX 03-3541-5799
　　　　　　https://www.tsukiji-shokan.co.jp/
　　　　　　振替 00110-5-19057
印刷・製本　シナノ印刷株式会社
装丁　　　　吉野愛

ISBN 978-4-8067-1449-1　C0045